规模养猪实用技术

华　威　岳万福　主编

中国农业出版社

图书在版编目（CIP）数据

规模养猪实用技术/华威，岳万福主编．—北京：中国农业出版社，2017.6（2019.3 重印）
ISBN 978-7-109-23081-1

Ⅰ.①规… Ⅱ.①华…②岳… Ⅲ.①养猪学 Ⅳ.①S828

中国版本图书馆 CIP 数据核字（2017）第 144389 号

中国农业出版社出版
（北京市朝阳区麦子店街 18 号楼）
（邮政编码 100125）
责任编辑 郭 科 孟令洋

中国农业出版社印刷厂印刷 新华书店北京发行所发行
2017 年 6 月第 1 版 2019 年 3 月北京第 2 次印刷

开本：880mm×1230mm 1/32 印张：6
字数：160 千字
定价：19.80 元
（凡本版图书出现印刷、装订错误，请向出版社发行部调换）

编　委　会

主　　编：华　威　岳万福
副 主 编：胡春晓　雷国华
编写人员（按姓名笔画排序）：
华　威　刘成群　季春明
岳万福　孟爱红　胡春晓
雷国华　潘火标　戴火林

Preface 前言

中国是养猪大国，猪的存栏数和猪肉产量都占世界近一半。近30年来，随着社会经济的发展，我国的养猪生产已从传统的分散养猪方式逐步转变为现代化的规模养猪方式，即由广大农民的庭院副业生产，逐步向标准化、专业化和工厂化生产转变。

20世纪90年代初编者参加工作时，浙江省遂昌县农村副业经济以养猪为主，基本上人均一头猪以上，有较高的经济效益。到了2015年，遂昌县养猪生产现状表明，散养户在急剧萎缩，仅有1.08万户，存栏量2.28万头，而规模养殖场虽只有42户，但存栏3.2万头，规模养殖的比例已高达58%。全国情况基本类似，养猪产业结构正在悄然转变，养猪业正向着规模化、集约化发展。

养猪业生产方式的变迁，揭示了中国养猪业的产业结构已发生根本性的变革，即从以农村散户饲养、农村副业为主的养猪模式，变革为专业化、规模化、集约化的养猪模式。

编者根据现代养猪应掌握的新技术、新品种，同时吸收了当前规模化养猪研究的最新科技成果，结合规模养猪实践中的体会，编写了《规模养猪实用技术》，主要供规模养殖场生产管理人员、动物科学专业的学生和畜牧工作者使用。书中有的技术与经验，因地理环境、气候、饲养管理水平等因素，不一定都适合每个猪场，药品和疫苗等因厂家、规格、生产工艺等不同，在实际应用中均有差异，仅供参考。本书的编写得到了浙江遂昌县兴飞养殖有限责任公司的鼎力支持，在此深表谢意。

由于编者水平所限，不足、不完善之处在所难免，恳请读者指正。

编　者
2017年5月

Contents 目录

第一章　养猪环境的自动控制

第一节　猪舍环境控制

一、猪舍温度、湿度控制

规模猪场对温度、湿度要进行控制，目的是建立满足猪生理需要和行为习性的条件，为猪创造干燥、卫生、适宜的生活环境。

在规模猪场，要统一指导、安排夏季降温、冬季保温等工作。技术人员负责做好猪舍内温度、湿度控制，并能正确使用电脑与报警系统；负责指导饲养员做好猪舍温度与湿度控制，以及卷帘、水帘、风机等的使用。猪舍温度与湿度控制有许多指标和设施，见表1-1和表1-2。

表1-1　猪舍温度指标

<table>
<tr><th>猪　群</th><th>日　龄</th><th>体　重
(kg)</th><th>舒适温度
(℃)</th><th>临界高温
(℃)</th><th>临界低温
(℃)</th></tr>
<tr><td rowspan="5">哺乳仔猪</td><td>出生当天</td><td>1.5</td><td>32～35</td><td rowspan="5">37</td><td rowspan="2">30</td></tr>
<tr><td>1～3</td><td>1.5～2.0</td><td>30～32</td></tr>
<tr><td>4～7</td><td>2.0～2.5</td><td>28～30</td><td>28</td></tr>
<tr><td>8～13</td><td>2.5～4.5</td><td>25～28</td><td rowspan="2">23</td></tr>
<tr><td>14～28</td><td>4.5～7.5</td><td>23～25</td></tr>
<tr><td>断奶仔猪</td><td>断奶1～5d</td><td>6.5～8.5</td><td>25～30</td><td>32</td><td>25</td></tr>
<tr><td rowspan="2">保育仔猪</td><td>30～35</td><td>7.5～9.5</td><td>23～25</td><td rowspan="2">30</td><td>20</td></tr>
<tr><td>35～63</td><td>9.5～20</td><td>20～23</td><td>18</td></tr>
<tr><td>生长猪</td><td>70～112</td><td>25～65</td><td>18～20</td><td>27</td><td>13</td></tr>
<tr><td>育肥猪</td><td>119日龄至出栏</td><td>65～125</td><td>18～20</td><td>27</td><td>10</td></tr>
<tr><td>公猪</td><td></td><td></td><td>16～18</td><td>25</td><td>10</td></tr>
</table>

（续）

猪　群	日　龄	体　重（kg）	舒适温度（℃）	临界高温（℃）	临界低温（℃）
妊娠、空怀母猪			16～18	27	10
哺乳母猪			18～20		

表 1-2　猪舍湿度指标

猪舍类别	适宜湿度（%）	临界高湿（%）	临界低湿（%）
种公猪舍	60～70	85	50
空怀、妊娠母猪舍	60～70	85	50
哺乳母猪舍	60～70	80	50
哺乳仔猪	60～70	80	50
保育舍	60～70	80	50
育肥猪舍	65～75	85	50

1. 隔热防暑措施

（1）猪舍周围绿化遮阴，可种植一些生长速度快、成本低廉、适宜本猪场环境的树木或棚架攀缘植物，同时做好绿化管理工作。

（2）猪舍隔热设计，采用通风屋顶，建有两层，中空层的空气被晒热后变轻，从通风口排出并将热量带走，而冷空气较重会从进气口进入猪舍内。

（3）生产管理上采取相应的措施，可使用淋浴、喷雾等降温设备。

（4）采用湿帘风机降温系统。

（5）加强饲养管理，调整日粮，适当降低粗纤维原料比例，增加粗蛋白含量，并适时添加抗热应激药物；调整饲喂方式，选择早晚凉爽的时候喂料；提供充足的清洁水源。

2. 保温防寒

（1）猪舍设计建设时，在不影响饲养管理的前提下，可适当降低屋顶高度。

（2）产房和保育舍对温度的要求较高，除了悬挂保温灯取暖、铺垫麻袋外，冬季还需要供暖提高温度。锅炉供暖需要专门人员看护，防止温度太低（锅炉30℃以下）或太高，影响猪群健康。

（3）冬季育肥舍可适当增加饲养密度，利用猪群本身提高舍内温度。

（4）寒冷天气防止贼风进入猪舍，堵上猪舍周围墙壁漏缝，同时把水帘包裹好。

3. 控制湿度措施

（1）要把产房和保育舍修建在地势较高、气候或环境干燥的地方，同时要在地面和墙基设防潮层。

（2）减少猪舍内水汽的来源，少用或不用大量水冲刷猪圈，保持地面平整，避免积水。

（3）及时通风，并经常开启卷帘，以降低猪舍内的湿度。

（4）猪舍内湿度较低或环境干燥，可人工喷雾增加湿度，同时降低舍内粉尘。

（5）及时清扫猪粪尿液，确保栏内干燥。

（6）如若室外连续阴雨天气，导致猪舍内湿度过大，可采取在猪舍过道撒布炉灰、干石灰等来吸收潮气。

4. 自动温控系统 配种、妊娠舍，生长育肥舍可以使用温控系统（9030－MC135 CT气候电脑），管理较为科学、方便（使用方法此处不解释，按照说明书操作）。

二、猪舍有害气体、尘埃的控制

1. 目的 确保猪健康，提高生产力。

2. 范围 适用于规模猪场。

3. 职责

（1）主管统一指导、安排工作。

（2）技术员负责指导、监督饲养员做好室内通风、消毒等工作。

4. 猪舍有害气体、尘埃的控制

（1）猪舍内空气卫生指数见表1－3。

表 1-3 猪舍内空气卫生指数

猪舍类别	氨气（mg/m³）	硫化氢（mg/m³）	二氧化碳（mg/m³）	细菌总数（万个/m³）	粉尘（mg/m³）
种公猪舍	≤25	≤10	≤1 500	≤6	≤1.5
空怀、妊娠母猪舍	≤25	≤10	≤1 500	≤6	≤1.5
哺乳母猪舍	≤20	≤8	≤1 300	≤4	≤1.2
保育舍	≤20	≤8	≤1 300	≤4	≤1.2
育肥猪舍	≤25	≤10	≤1 500	≤6	≤1.5

（2）猪舍有害气体控制方法。

①控制饲养密度（表 1-4），同时加强粪尿的清扫，及时运输到场外进行生物发酵处理。

②使用饲料添加剂减少有害气体的产生和排放，同时调整日粮蛋白质水平，添加合成氨基酸，可降低排泄物中氮的含量。

③适宜的光照，特别是冬季有阳光的天气，可开放卷帘，进行自然通风、光照（表 1-5 和表 1-6）。

④猪舍内置放吸附剂或吸附物，如磷酸、磷酸钙、硅酸等，可起到吸收有害气体的作用。

⑤定期进行带猪喷雾消毒等。

表 1-4 猪群饲养密度

猪 别	体重（kg）	每头猪所占面积（m²）	
		非漏缝地板	漏缝地板
断奶仔猪	4～11	0.37	0.26
	11～18	0.56	0.28
保育猪	18～25	0.74	0.37
育肥猪	25～55	0.90	0.50
	56～105	1.20	0.80
后备母猪	113～136	1.39	1.11
成年母猪	136～227	1.67	1.39

表 1-5　猪舍内的通风量与风速

猪舍类别	通风量 [m^3/(h·kg)]			风速 (m/s)	
	冬季	春秋季	夏季	冬季	夏季
种公猪舍	0.35	0.55	0.70	0.30	1.00
空怀、妊娠母猪舍	0.30	0.45	0.60	0.30	1.00
哺乳母猪舍	0.30	0.45	0.60	0.15	0.40
保育舍	0.30	0.45	0.60	0.20	0.60
育肥猪舍	0.35	0.50	0.65	0.30	1.00

注：通风量是指每千克活猪每小时需要的空气量；风速是指猪所在位置的夏季适宜值和冬季最大值。

表 1-6　猪舍内采光标准

猪舍类别	自然光照		人工照明	
	窗地比	辅助照明 (lx)	光照度 (lx)	光照时间 (h)
种公猪舍	1∶12～1∶10	50～75	50～100	10～12
空怀、妊娠母猪舍	1∶15～1∶12	50～75	50～100	10～12
哺乳母猪舍	1∶12～1∶10	50～75	50～100	10～12
保育舍	1∶10	50～75	50～100	10～12
育肥猪舍	1∶15～1∶12	50～75	50～75	8～12

注：窗地比是指以猪舍门窗等透光构件的有效透光面积为 1，与舍内地面积之比；辅助照明是指自然光照猪舍设置人工光照以备夜晚工作照明用。

第二节　产房自动控制

一、控制器面板（以上海谷瑞 APCD-500 型为例）

1. LCD 显示器　显示器给出当前读数及当选择某种功能时有待调节的参数信息。显示器右侧有 3 个键用来编辑参数，并在屏幕上进行导航。当某个特定功能的参数不能同时显示的时候，右侧显示箭头图标，说明采取该箭头可以显示其他的参数。4min 无操作之后，显示器屏幕回到状态显示。

2. 箭头键 位于显示器附近的箭头键有两重目的：首先用来对显示屏上显示的参数进行单式调试；当显示器上某个参数不停闪烁时，也用来修改该参数的数值。

3. 菜单选择按钮 用来选择主菜单中的功能。

4. 调节某个参数 使用箭头键来选择需要进行调整的参数；一旦选中参数，按下修改键，随后该参数在显示器上闪烁，此时可以对其进行调节；一旦设置好数值，再次按下修改键对新数值进行确认。在按下修改键之后，如果数值并不闪烁，说明该数值是一个读数，不能对其进行修改。

5. LED 状态指示灯 具体状态说明见表 1－7。

表 1－7 LED 状态指示灯

LED	含 义
报警	当检测到报警事件时，灯亮；直到报警确认为止，加料系统停止操作
电流过载	当进料器的电流强度超过了过载延迟的最大电流限定值时闪烁，或当从属进料器发生这种情况时闪烁；修复问题，按下复位键重新启动系统
键盘安全开关	当驱动装置到达其安全开关时，灯亮；或从属进料器发生这种情况时，灯闪烁
最大运行时间	当进料器的运行时间超过最大运行时间参数值时，灯亮；从属进料器发生这种情况时，灯闪烁
加料开关	当近程式传感器检测到给料时，灯亮；在进料旁路延迟期间，灯闪烁
链盘输出	当主链盘式进料器运行时，灯亮
螺旋输送机的输出	当饲料箱的螺旋输送机运行时，灯亮；螺旋输送机延迟期间，灯闪烁
执行器开启	当打开卸放时，灯亮
执行器关闭	当关闭卸放时，灯亮
手动模式	当手动控制一种输出时，灯亮
自动模式	当自动控制模式激活时，灯亮

二、参数设置

1. 运行时间历史　控制器有一个历史菜单，记录过去5d进料器的日常运行时间。

（1）使用菜单选择按钮来选择“时间历史”菜单。

（2）按下修改键，然后使用箭头键选择想要的进料器。

（3）再次按下修改键以访问选定的进料器的运行时间历史，显示该进料器上一次循环的运行时间。

（4）使用箭头键进行滚动显示，显示选定进料器过去5d的日常运行时间。

2. 时间和日期

（1）使用菜单选择按钮选择“时间/日期”菜单，显示当前的时间和日期。

（2）按下修改键，小时在屏幕上闪烁，使用箭头键将其设置成正确的数值。

（3）再次按下修改键，分钟在屏幕上闪烁，使用箭头键将其设置成正确的数值。

（4）再次按下修改键，秒钟在屏幕上闪烁，使用箭头键将其设置成正确的数值。

（5）再次按下修改键，以相同的方式修改日期。

3. 喂料循环设置

（1）使用菜单选择按钮选择“喂料循环”菜单。

（2）按下修改键，屏幕上闪烁第一次喂料循环的启动时间，使用箭头键将其调整为正确的数值，再次按下修改键进行确认。

（3）按向下箭头键，屏幕显示第一次喂料循环的卸放时间。

（4）按下修改键，屏幕上闪烁第一次喂料循环的卸放时间，使用箭头键将其调整为正确的数值，再次按下修改键进行确认。

（5）按向下箭头键，屏幕显示第二次喂料循环的启动时间，以类似的方式调整喂料循环的启动时间和卸放时间。

（6）检查喂料循环：如果放料程序错误，控制器自动重新调整喂料循环，随后显示警告信息“检查喂料循环”；技术员必须向下浏览喂料循环菜单，来确认新配置的喂料循环，警告信息随后消失。

4. 运行时间设置

（1）使用菜单选择按钮选择喂料循环次数菜单。

（2）按向下箭头键，选择第一个运行时间的屏幕显示，这是主链盘的运行时间。

（3）按下修改键，然后采用箭头键将其修改为正确的数值，再次按下修改键进行确认。

（4）如果有从属进料器，按向下箭头键选择第一个从属进料器的运行时间。

（5）按下修改键，然后采用箭头键将其修改为正确的数值，再次按下修改键进行确认。

（6）以类似的方式对所有的进料器的运行时间进行修改。

5. 手动模式

（1）对进料器进行手动加料。可以对某些链盘式进料器进行加料而无需等待一个喂料循环开始；当执行该手动启动功能时，手动模式指示灯亮，控制器启用适当的输出以便给需要的进料器加满料，当进料器被加满后，该手动加料过程结束。

如果在某个喂料循环期间内，需要对某个进料器启动手动加料，则正在进行的加料循环被绕过，并由该手动加料过程代替；当控制器回到自动模式时，不会继续前面的循环，但是在下一个卸放时间时将会进行卸放，也进行手动卸放。

一旦完成手动加料过程，一定要退出手动模式。

（2）手动模式设置。

①使用菜单选择按钮选择“手动模式”菜单。

②在启动手动加料前要选择好加料的进料器，按向下箭头键选择“手动启动”菜单。

③按下修改键，然后使用箭头键选择需要手动加料的进料器，再次按下修改键进行确认；一旦选定了需要的进料器，则可以启用

手动模式。

（3）手动启动/停止。

①使用菜单选择按钮选择“手动模式”菜单。

②手动模式的状态显示在屏幕上。

③按下修改键，然后使用箭头键选择想要的状态，选择“开始”启动手动模式，选择“停止”结束手动模式，选择“自动”回到自动化控制模式。

（4）绕过某个进料器。

①使用菜单选择按钮选择“手动模式”菜单。

②按向下箭头键选择所需要的进料器的状态菜单。

③按下修改键，然后使用箭头键选择所期望的状态（自动/绕过），再一次按下修改键进行确认。

（5）手动卸放。当没有驱动装置运行时，只能手动启动“执行器/电动阀门”，在手动控制执行器或电动阀门时，“手动模式”指示灯闪烁。

①使用菜单选择按钮选择“手动模式”菜单。

②按向下箭头键选择执行器的手动模式状态。

③按下修改键，然后使用箭头键选择所需要的状态（自动/开启/停止/关闭），再次按下修改键进行确认。

④按向下箭头键，屏幕上显示电动阀门的手动模式状态。

⑤按下修改键，然后使用箭头键选择所需要的状态（自动/开启/关闭），再次按下修改键进行确认。

（6）拨动开关。主板上连接有一个拨动开关，该开关可以手动停止主链盘式进料机的驱动装置并手动停止饲料箱螺旋输送机，而直到下一个喂料循环前不会发出“链盘为运行”的警报声音。

该拨动开关并未切断至链盘电机的电线，维修及保养时，请关闭电路继电器。

6. 报警

（1）当发生报警时，整个喂料系统停止运行，直到报警解除（表 1－8）。

表 1-8 报警信号释义

报警信号	含　义
执行器未被关闭	在关闭时间之后，没有到达某个执行器的限位开关（仅在启动了安全传感器时这类警报才会发生）
执行器未被打开	在开启时间之后，仍然检测到某个执行器的限位开关（仅在安装阶段启动了安全传感器时这类警报才会发生）
链盘没有运行	主链盘的安培电流小于 2A
电流过载	主链盘的安培电流超过其最大电流消耗极限的时间达到了过电流的延迟时间
从属进料器电流过载	从属进料器的安培电流超过其最大电流消耗极限的时间达到了过电流的延迟时间
最大运行时间	主链盘驱动装置的运行时间超过了最大运行时间参数值
从属进料器最大运行时间	从属进料器运行时间超过最大运行时间参数值
链盘安全开关	已经达到主链盘进料器的安全开关
从属进料器的安全开关	已经达到从属进料器的安全开关

（2）警报确认。

①使用菜单选择按钮选择“状态”菜单，屏幕显示当前警报的确认菜单。

②按下修改键，屏幕闪烁确认状态。

③按向下箭头键确认警报，然后按下修改键进行确认，警报就被确认了。

第三节　猪场粪污、臭味处理

一、猪场粪污处理

为确保猪场环境不被污染，切断传染病、寄生虫病和人畜共患病的传播途径，需要对猪场粪便进行处理。规模养猪业脱离了传统的养殖模式，改变了原有分散放养、四处收购、长途运输的模式，但其所排放废弃物对环境造成了不良影响。养殖场大多建在市郊和城乡结合部，产生的大量污水、粪便，局部地区难以用传统的还田方式处理，对环境和农业生态造成了压力。我国规模化、区域化养猪进程加快，规模化饲养比重明显提高，养猪场必须进行排污控制。

规模化养猪场每天都会产生一定数量的粪尿、污水等污物，污物中的有机物质经过不彻底的降解就会产生大量的有害气体。同时，由于猪群的聚集及隐性传染病的存在，会产生一定数量的灰尘和病原微生物。这些有害气体、灰尘及病原微生物飘浮在空气中，就会对空气造成严重的污染。排泄物及污水，流经地表和渗透后，会对地表水和地下水造成巨大的污染。因此，采用现代科学工艺，对规模化养猪场每天产生的粪污进行处理，既是必要的，也是环境保护和政府的要求。

这里介绍水冲粪、水泡粪、微生物发酵及干清粪几种常见的处理方式。目前比较简单、实用的是干清粪工艺。

1. 水冲粪　水冲粪清粪方式即每天用水冲洗圈舍，混合有粪尿的冲洗污水流入舍内粪沟。每天定时多次由冲水器放水冲洗粪沟，将粪沟内的粪污冲入排污主干沟，再进入储粪池内储存。水冲粪方式的优点是能及时、有效地清除舍内的粪尿，保持猪舍环境卫生，有利于猪群和饲养人员的健康；劳动强度小，劳动效率高，利于减少劳动力投入，在劳动力缺乏的地区较为适用。缺点是耗水量大，水资源浪费严重；后期粪污处理过程中，固液分离后，干物质中养分含量低，肥料价值降低；污水中的大部分可溶性有机物仍然很高，增加了处理难度。

2. 水泡粪　水泡粪清粪方式是水冲粪方式改进而来的，主要是在猪舍内的排粪沟与排污主干沟间设有闸门，排粪沟中保持一定深度的水，日常猪的粪尿冲洗和饲养管理用水一并排入缝隙地板下的粪沟中，粪便在粪沟内浸泡稀释成粪液，储存一定时间后粪沟装满，打开粪沟出口的闸门，沟中的粪液经排污主干沟进入储粪池储存。水泡粪方式的优点是粪便中的可溶性有机物经长时间浸泡后，便于后续处理；相对于水冲粪方式，能节约冲洗用水量；可降低劳动强度，提高劳动效率。缺点是粪便长时间在猪舍内停留，在粪沟中部分厌氧发酵，产生甲烷等有害气体，危及猪群和饲养人员的健康。

3. 微生物发酵　微生物发酵是利用微生物将养殖粪污分解和消化，即微生物发酵床养猪。利用微生物发酵控制技术，将微生物与锯木屑、谷壳或秸秆等按一定比例混合，进行高温发酵后作为有机物垫料制成发酵床，猪的粪尿排放在发酵床上，经过垫料微生物及时分解和消化，实现粪尿和污水的零排放。微生物发酵方式的优点是无需冲洗猪舍，节约水资源；无粪尿污水向外排放，实现无污染、无排放、无臭气的清洁生产，较好地保护养殖环境和生态环境，有利于饲养人员和猪的健康；减少了劳动量，节约了劳动力。目前，有直接接触发酵与间接发酵两种。直接接触发酵缺点是猪的饲养面积大，增加场区占地面积，夏季垫料产热，温度较高，不利于猪的健康。间接发酵是将粪尿收集，运送到发酵车间进行发酵。其缺点是需要建设发酵车间，增加处理费用。微生物发酵的菌种、垫料的来源和替代需进一步研究，处理产物重金属含量较高。

4. 干清粪　干清粪方式主要是粪便产生后即分流，干粪由机械或人工清扫和收集，尿及冲洗水则从下水道流出，分别进行处理。干清粪方式分为机械清粪和人工清粪两种。机械清粪主要采用刮板式清粪机械，多为粪尿混合（也可使粪尿分离），通过刮板机将粪尿运送至猪舍一端后运走。刮板式清粪方式耗电量较大，拖拉刮板的钢丝绳易被腐蚀损坏，使用寿命短（2～3 年），且机械部件不易调节，清理效果和耐久性较差，推广受到限制。人工清粪主要是通过漏缝地板将粪便留在地板上，人工进行清扫和收集后运送至储粪场。干清粪方式的优点是收集的固态粪便含水量低，粪中营养成分损失小，肥料价值高，便于高温堆肥或进行其他方式处理利用；耗水量少，产生的污水量少，且污水中的污染物含量低，易于净化处理。缺点是劳动强度大，劳动生产率低，需要消耗部分劳动力资源。

（1）干清粪处理工艺。每天清扫栏舍内的粪便，集中收集，在干粪堆积场进行生物发酵，储存一定时间后（一般为 0.5～1 个月），直接或间接用作肥料。栏舍尽量保持干燥，尽量少用水冲洗，以减少污水排放量。

（2）尿液、污水处理。

①直接或间接用作肥料。

②用作培养料，可作为食用菌、蚯蚓、藻类等生产的培养料。

③生产沼气。

（3）尿液、污水其他处理。

①生物曝气法：也称活性污泥法，在污水中加入活性污泥并通入空气，使污泥中的好氧微生物大量繁殖，从而促使污水中的有机物质被分解、氧化。

②生物过滤法：在污水处理池内设置碎石、焦炭等或是轻质塑料板、蜂窝纸等形成过滤层，污水导入后经过层层过滤、吸附，并经过滤纸中的微生物分解而达到净化。

③利用鱼塘净化：可将物理沉淀处理后的污水放入鱼塘，污水中的细小微粒可作为鱼料，同时营养物质可作为藻类生长的养分，从而起到净化作用。

二、猪场臭味处理

（1）利用土壤除臭。土壤是极佳的除臭介质，可在浅层泥土上，配以打孔通气管等土壤过滤器，能有效地清除粪污处理过程或猪舍内排放的臭味。

（2）粪便收集池中，可添加一些生物添加剂、遮蔽剂或臭味抑制剂等，能部分降低臭味。在猪舍过道等处摆放一些吸附剂和酸制剂，吸附剂可吸附臭味，常用的有活性炭、泥炭、锯木屑、麸皮、米糠等。

（3）合理使用饲料添加剂。日粮中添加酶制剂、酸制剂、复合微生物制剂、沸石等，对控制恶臭有一定的作用。

（4）合理调整日粮，提高饲料利用率，减少粪便中臭味的排放。

第二章　猪的特性

第一节　猪的起源

猪为我国六畜之首，饲养历史悠久。改革开放以来，我国养猪业发展势头强劲，成为世界养猪最多的国家，接近世界的 50%。在全国肉类总产量中，猪肉常年占 63%以上，在我国人民生活中占有举足轻重的地位。

现代家猪起源于野猪，不但有考古学的证据，还由于家猪和野猪能交配，育出有繁殖能力的后代。野猪主要分布在欧亚大陆的南部，即分为分布于欧洲、非洲北部和亚洲中部天山山脉的欧洲野猪，分布于中国大陆、台湾，以及爪哇、苏门答腊和新几内亚的亚洲野猪。

野猪在中国被驯化的历史可以追溯到新石器时代早、中期。先秦时期据殷墟出土的甲骨文记载，商、周时代已有猪的舍饲。亚洲猪和欧洲猪存在着很大的遗传差异，表明两者有独立的起源。中国各地猪种的不同表型是人工长期选择的结果，起源于亚洲野猪。而欧美优良猪品种起源于欧洲野猪。

在野生状态下，猪是群居动物，常常按家庭关系和社会结构，组成大的群体，类似流浪的本性，主要以森林和田野里的根、野果、草为食，但其却能抵抗疾病和寄生虫的威胁。从猪的生物学特性来看，野猪比较容易驯化。由于猪杂食性的特点，在野外很容易生存，并在几代内获得它们相隔甚远的祖先所具有的体格和特性，迅速恢复到野生状态。美国有一种半野猪、尖背猪就是返祖现象的例子，中国也有许多家猪逃脱圈养后，在野外生存的例子。

家猪分布范围几乎遍及全世界，猪仍有远亲生活在野外。除宗教原因外，世界上多数国家消费猪肉产品。

第二节　猪的进化

野猪属于性情凶猛的中型偶蹄目动物，穿梭于森林和沼泽中。成年野猪体长 120～150cm，体高 60～80cm，尾长 20～30cm，体重 70～150kg。头细长，吻部突出，呈圆锥状，嘴吻长而有力，背部有刚硬针毛，背脊梁毛明显。雄性上犬齿发达，形成獠牙突出额外，长 6～13cm。毛色呈棕黑色或褐红色，腹部毛色较淡。幼龄野猪被毛有褐色条纹，随月龄增大，条纹逐渐消失。猪是由野猪驯化而来的，为人类最早驯化的动物，也是人类文明起源的重要标志之一。古人对猪的驯养历史，就是一个不断深入的科学认知历史。

早期人类，动物猎得多了，一时吃不了，就智慧地挑一些性情温顺的圈养起来，久而久之，驯养文化便应运而生。而在“豕”字的线条里，便可清晰地捕捉到这样的信息。《说文解字》云：“豕，彘也。竭其尾，故谓之豕。象毛足而后有尾。”古人捕捉到这样一个细节：猪在走路时，经常悠闲地摇着尾巴，好像比人摆弄手还要自然，就创造了“豕”这个象形字。点明“尾巴摇动”这个“被驯化”了的特征，以强调猪被驯养的外在形象特征。故“家”字的“宀”下边是一头猪，猪住在了这个可遮风避雨的地方，这就是家了。

在进化和驯养过程中形成了许多生物学特性和行为学特点，不同的猪种或不同的类型，既有其种属的共性，又有它们各自的特性。在生产实践中，要不断地认识和掌握猪的生物学特性，并按适当的条件加以充分利用和改造，以便提高饲养和繁育效果。

第三节　中国猪种的区划及地方品种特性

中国现约有 48 个地方猪种，占全球猪种资源的 34%左右，多次被美国、欧洲引进用于育种。中国地方猪种按其外貌、体型、生产性能、当地农业生产情况、自然条件和移民等社会因素，大致可以划分为6个类型，即华北型、华南型、华中型、江海型、西南型和高原型。

1. 华北型猪的分布和特点 华北型猪种分布广，主要在淮海、秦岭以北。华北型猪毛色多为黑色，少数末端出现白斑；体躯较大，四肢粗壮；头较平直，嘴筒较长；耳大下垂，皮厚多皱褶。乳头一般8对左右，胎产仔数一般在12头左右，母性较好，泌乳力强，仔猪育成率较高，饲料利用率较高。代表猪种有民猪、八眉猪、黄淮海黑猪等。

2. 华南型猪的分布和特点 华南型猪种分布在云南省西南部和南部边缘、广西和广东偏南的部分地区，以及福建的东南和台湾。华南型猪毛色多为黑白花，头、臀部多为黑色，腹部多为白色；体躯偏小，背腰宽阔下陷，腹大下垂，皮薄毛稀，耳小直立或向两侧平伸，性成熟早。华南型猪主要有两广小花猪。

3. 华中型猪的分布和特点 华中型猪主要分布在长江中下游和珠江之间的广大地区。南缘与华南型猪分布区相交接，其混杂杂交分布情况较少；北缘则有一个与华北型猪种混杂杂交的相当广阔的交错地带。华中型猪体躯较华南型猪大，体型则与华南型猪相似，体肢较疏松，骨骼较细；背较宽而背腰多下凹，腹大下垂，乳头6～7对；四肢较短，头较小，耳较华南型猪大，耳下垂，额间皱纹多横行；被毛稀疏，毛色多为黑白花。华中型猪的生产性能一般介于华北型和华南型之间，胎产仔10～12头，生长较快，成熟较早，肉质细致。代表猪种有宁乡猪、金华猪、大围子猪。

4. 江海型猪的分布和特点 江海型猪也称华北、华中过渡型猪。主要分布于淮河与长江之间的沿江沿海地区。该型特点是：毛黑色或有少量白斑，头中等大，额较宽，皱纹深且多呈菱形，耳长大下垂，背腰较宽，腹部较大，骨骼粗壮，皮肤多有皱褶。繁殖力高，胎产仔13头以上，乳头8对，性成熟早，积脂能力强，增重较快，屠宰率一般为70%左右。代表猪种有太湖流域的太湖猪、陕西的安康猪、浙江的虹桥猪、江苏的姜曲海猪等。

5. 西南型猪的分布和特点 西南型猪分布在云贵高原和四川

盆地，湖北西南部和湖南西北部，本区地形复杂，以山地为主，其次是丘陵，海拔一般在 1 000m 以上，盆地也在 400～700m。西南型猪的特点是体格较大，头大颈短，额部多纵行皱纹，具有旋毛，背腰宽而凹，腹大而下垂，毛色以全黑为多，也有黑白花色或红色。产仔不多，每胎 8～10 头，屠宰率低，脂肪多。代表猪种有内江猪、荣昌猪、乌金猪等。

6. 高原型猪的分布和特点 高原型猪种主要分布在青藏高原。被毛多为全黑色，少数为黑白花色和红毛。头狭长，嘴筒直尖，犬齿发达，耳小竖立。体型紧凑，四肢坚实，形似野猪；每胎产仔 5～6 头；生长慢，胴体瘦肉多；背毛粗长，绒毛密生，适应高寒气候，藏猪为其典型代表。

第四节 猪的生物学特性

猪古称豕，猪在我国的饲养历史至少有六七千年，甲骨文的“家”字，就是“屋内有豕”的意思。说明家庭养猪已有传统，但现代规模养猪实施机械化、自动化、流水线生产方式。不了解猪的生物学特性就谈不上科学养猪，只有在了解的基础上为之创造各种适宜的生存条件和生产环境条件，才能发挥其最大的生产潜力。

1. 易发情，产多胎，繁殖率高 我国许多地方猪种具有良好的繁殖性能，性成熟早、发情明显、产仔多、母性强、繁殖利用年限长，这些独特的优良繁殖性状，在 18 世纪对欧洲猪种的改良已起到很大作用。

对于规模化养猪业来说，从出生到断奶，产 15 头仔猪的母猪相比产 5 头仔猪的母猪的花费，仅仅是多了一些饲料，也就是说，一个规模猪场，每头公猪和母猪的维持费用基本无大差异，而繁殖率是生产效率的体现。

猪一般 4～5 月龄达到性成熟，6～8 月龄就可以初次配种。妊娠期短，只有 114d，1 岁时或更短的时间可以第一次产仔。太湖猪

7月龄就有分娩的。猪是常年发情的多胎高产动物，一年能分娩两胎。经产母猪平均产仔9头/胎左右，比其他家畜要高产。在生产实践中，猪的实际繁殖效率并不高，母猪卵巢中存卵原细胞11万个，但在它一生的繁殖利用年限内只排卵400个左右。母猪一个发情周期内可排卵12～20个，而产仔只有8～10头/胎；公猪一次射精量200～400mL，含精子数200亿～800亿个，可见，猪的繁殖效率潜力很大。产仔数个别高产母猪也可达15头/胎以上。这就说明只要采取适当的繁殖措施，改善营养和饲养管理条件，以及采用先进的选育方法，进一步提高猪的繁殖效率是可能的。

2. 杂食动物食性广，饲料转化效率高 猪消化、吸收系统发达，门齿、犬齿和臼齿都很发达，咀嚼食物比较细致，单胃与复胃的过渡类型，属杂食动物，对食物是有选择性的，能辨别口味，喜甜味，能充分利用各种动植物和矿物质饲料。群饲的猪比单饲的猪吃得多、吃得快，增重也高。猪饲料转化率高，现代猪选育的结果表现为：现代猪的小肠长度是体长的13.5倍，饲料转化效率仅次于肉鸡而高于牛和羊，猪可将1kg淀粉转化为356g体脂肪（牛只能转化成250g），每千克增重耗料在3.0kg左右，饲养技术较好的为2.2～2.5kg，试验条件下甚至低于2kg（肉牛高的达7～8kg）。

3. 发育快，生长期短 猪是不完全胚胎发育，由于胚胎期短，同胎仔猪数又多，出生时发育不充分。生后2个月内生长发育特别快，补偿胚胎期内发育不足，1月龄的体重增长为初生重的5～6倍，2月龄体重为初生重的20～30倍。一般的规模化养猪场生产用的引进瘦肉型种，生长发育快，发育期长，在满足其营养需要的条件下，一般160～170日龄猪体重可达到100～120kg，相当于初生重的100倍。比牛和马相对生长强度大10～15倍。生长期短、生长发育迅速的生物学特性和经济学特点对养猪生产者比较效益的提高是十分有益的，但在生长发育的早期，各器官系统发育也不完善，如脂肪储备少，温度调控能力弱，对外界环境的适应能力弱，所以，初生仔猪需要精心护理。

4. 嗅觉和听觉灵敏，视觉不发达 猪有天赋拱土的遗传特性，拱土觅食是猪采食行为的一个突出特征。猪鼻子是高度发育的器官，在拱土觅食时，嗅觉起着决定性的作用。猪的嗅觉比狗更灵敏，鼻筒较长，能嗅到和辨别极小含量的气味，嗅区广阔，嗅黏膜的绒毛面积较大，分布在这里的嗅觉神经非常发达，刚出生小猪依靠嗅觉寻找乳头，固定乳头。母仔之间的识别、性联系、识别圈舍和卧位、找食物，都依靠嗅觉，因此，在生产中寄养时，于产后2d内进行。在距离很远的情况下，发情母猪闻到公猪特有的气味，呆立不动；公猪能敏锐闻到发情母猪的气味，准确地辨别出母猪所在位置。虽然猪的嗅觉很灵敏，可以松露为诱饵而迅速被捕获，但其味觉性不高，这使得人类首次产生了圈养它们的想法。猪的听觉灵敏，容易建立条件反射，耳廓大，外耳腔深而广，搜索音响的范围大，但其视力差，有利于人工授精。

5. 适应性强，分布广 美洲没有野猪，在欧洲人发现新大陆后，猪迅速遍布美洲各地，说明猪对自然地理、气候等条件适应性强。在我国，1998 年长江大水过后，实行全国范围的退耕还林，最先恢复起来的野生动物是野猪，进一步说明猪适应性强。现代养猪生产中小猪怕冷，大猪怕热。新生仔猪，皮下脂肪少、皮薄、毛稀、体表面积相对较大、体温调节机能差，适宜温度在 35℃上下；大猪皮下脂肪层厚、汗腺不发达，对高温的耐受性差，需要特别给予关注。

第五节 猪的行为学特点

猪由群居动物进化而来，因此，猪的行为表现出一定的社会性。要养好猪，就要细心地观察和研究猪的行为表现，明白所代表的含义。

现代化的养猪场，保证了充足的饲料和饮水，同时也提供了通风和保暖设施，对猪的行为要求最好是整齐划一，但自然界赋予猪除了吃、睡和繁殖外更多的生活属性。猪的行为研究表明，猪对新的事物非常敏感，无论是声音还是新的物件，都喜欢探个究竟，主要采用鼻拱的方式来实现其活动，在自由的环境中，白天猪40%的时间用于睡觉，35%的时间用于探究新环境，15%的时间用于采食，剩下10%的时间用于其他行为。对猪的行为学特点进行总结，概括为以下几点：采食行为、排泄行为、性行为、母性行为、争斗行为、群居行为、探究新事物的行为、热调节行为。

1. 采食行为 采食行为是动物共同具有的行为，像猪这样高产的动物，具有争食的习惯，在多头猪共同喂养的情况下，猪往往吃得更快、更多，长得更快。

吃奶是所有哺乳动物具有的共同行为，仔猪出生后几分钟就开始找乳头，分娩完成后，母猪开始哺乳，发出低沉而有节奏的哼哼声，呼唤仔猪，仔猪发出长而尖锐的叫声作为回应。生后48h，就可以“固定乳头”，即每一头仔猪吮吸一个特定的乳头。

母猪每隔40～60min哺乳一次，晚上次数少，随着仔猪长大，哺乳次数会相应减少。成年猪有门牙、次牙、咀嚼牙，能咬、咀嚼和吞咽食物，猪喜欢植物的根茎，一有机会，就用鼻子掘土，找根茎、蚯蚓、小昆虫吃。法国南部利用猪的这个天性寻找松露。

2. 排泄行为 从野生状态继承来的行为，猪有不在自己睡觉的地方排泄的习惯，喜欢睡在保持干净和干燥的地方。在现代舍饲的环境下，虽然在有限的区域内，扰乱了猪的排泄方式，但只要加以引导和训练，猪很容易在圈舍的一个角落里排粪排尿，并尽可能远离睡觉的地方。

3. 性行为 高的繁殖能力，是猪能够被驯养且成为六畜之首的首要条件。如果没有足够数量的仔猪出生和存活，那么在中国现在对生产效率非常重视的条件下，其他经济性状只能具有理论上的意义。

性行为包括求偶和交配，主要受激素的调控。发情母猪咬栏、神经质和烦躁，阴门红肿，食欲减少，接受人压背或公猪爬跨呈静立反应。公猪的求偶方式是，用其头部和鼻子轻轻贴母猪或青年母猪的头部或两侧，发出求偶的叫声，通常是低而有节奏的吼声。母猪也可被公猪的气味诱发，外激素起作用的是雄酮，其是睾丸的代谢产物。当公猪试图爬跨时，母猪采取接受配合的方式，四肢僵硬、两耳竖起，形成典型的交配姿势。有些公猪进行几次才能完成交配，爬跨时间持续 3～20min。

4. 母性行为　在野外和传统饲养方式下，母猪产前有叼草絮窝的习性。现代养殖的分娩笼、混凝土地板，阻碍了母猪分娩前 1～3d 絮窝的行为，但母猪分娩前 24h 左右，活动增加，磨牙、咬踩护栏并频繁起卧。接近分娩时，母猪安静下来，一般保持侧卧的姿势完成分娩。也有的分娩时间长，中间起卧，增加了压死仔猪的概率。母猪不舔犊，在产下最后一头以前，不专门关注已经产下的仔猪，但产完后，非常注意保护自己的幼仔，具有攻击性，张口发出急促的呼呼声向侵犯者发出威吓，尤其在仔猪发出尖叫声时更是如此。母猪哺育仔猪到断奶，如果仔猪在母猪身边呆 3～4 个月，母猪会主动断奶，其间仔猪脱离母猪 2～3d，母猪就会不认仔猪。产后 1～2d 仔猪寄养比较容易，为使每窝仔猪数大致相当，同期有一定数量母猪产仔的情况下，母猪间寄养匀窝是一种比较好的生产措施。

5. 争斗行为　猪的争斗行为与猪的社会属性有关，为的是争夺资源，一旦确立了资源占有的优势顺序，争斗也就停止，并维持到新的结构变动前，因此，争斗行为发生在公猪之间，母猪之间、新生小猪之间、母猪和去势公猪之间、幼小的时候就圈养在一起的公猪之间很少发生争斗，说明它们已经建立了社会等级关系。

将性成熟的公猪放在一起总是会发生争斗，它们彼此嗅来嗅去，绕圈评估对手，不断以肩抵肩，头部毛发直立、两耳竖起、抬高头部以防对手的进攻。在争斗激烈的时候，每头公猪不断张口用牙齿从侧面或上面咬对方的头部和颈部，发出低吼声，撕咬对方，直至一方败下阵。

6. 群居行为　野生状态下，一般在 1 头公猪的带领下，有 1～10 头母猪不等，在繁殖季节还有几群小猪，它们成群地在森林中游荡。野生状态下的猪群一般不超过 10 头，但因繁殖季节集中，也有同时生小猪达到 80 头的例子。野公猪强而有力，令大多数动物望而生畏，包括人在内。

驯养后的猪保留了群居性，合群性较好。猪虽被限制在一定面积的圈舍内，在群饲的猪群内仍保留猪的合群性，如同窝仔猪平时在母猪带领下出去游玩，在它们散开时，彼此距离不会太远，而且一旦受惊吓，会立即聚集在一起，或成群逃走。吃乳的仔猪同其母猪和同窝仔猪分离后不到几分钟，就会极度紧张和不断大声嘶叫，直到回到母猪和同伴身边，猪的群居生活加强了它们的模仿反射，如仔猪间模仿学习吃料。

在规模化的养猪条件下，组群时群内个体体重不宜悬殊，更不宜将不同品种的猪混养，最好公、母猪分开，去势猪与公猪分圈建群。刚建立的猪群，争斗攻击行为会显现出来，无论是新生仔猪群还是合群并圈的大猪群，都必须在建立等级序列后才开始按正常秩序生活。建立优势序列的猪群，应与动物交往中能够相互识别群内各个个体的头数相适应，一般以 20 头猪为宜。如果头数过多，就难以建立等级关系，相互斗架频率高而影响休息和吃食，这也是在饲养管理中应注意的问题，应避免抢食和采食不均而造成生长发育不整齐。

7. 探究新事物的行为　在野生状态下，猪是比较警觉的动物，自己没有侵袭别人的欲望，但时刻防备别的动物侵袭，因此具有时刻探究其生活环境的好奇心。猪的探究行为是一种本能，但在现代养猪过程中，应合理加以利用，如仔猪在接触到食物时，首先是闻，然后用鼻拱或嘴啃，仔猪开食的诱食料，要呈颗粒状，合乎仔猪口味，诱导仔猪经常去采食，训练仔猪吃料便易于成功。

再如母、仔猪准确认识，仔猪吮吸乳头的位序是通过嗅觉建立起来的。保育猪、肥育猪在栏内能明显地划分不同生活区：睡床、采食、排泄形成明显的区域性，就是通过嗅觉的探究来区分各地带的气味特点。刚开始换圈并栏，猪怀着恐惧的心理站立或趴卧在一个角落里，似乎准备随时应对来犯者，当陌生人靠近时，会抬头观察，发出警报，一有响动，全场大叫。经短暂的探查，认为是安全地带，确认为没有危害时，便会渐渐地四处探查，直到对整个环境熟悉和适应。但在规模养猪场，猪群空间小，密度大，合并猪群的互相探查常会产生咬尾恶癖，这时设法在圈舍内装置其他物品如轮胎、铁链条等，以吸引转移猪的探查目标，利用的就是猪对新物体的探究行为。

8. 热调节行为　猪的皮下脂肪厚，皮肤汗腺不发达，体热散发较慢，难于通过皮肤蒸发散热来调节体温。这就是传统养殖模式下，夏天猪在泥里打滚的原因；仔猪皮下脂肪储备少，对冷的调节手段有限，主要通过打颤调动体内棕色脂肪的氧化以提供能量，当棕色脂肪消耗殆尽，就会危及生命，因此需要进行辅助保暖。

猪的汗腺已退化，只有人的 1/6 左右，加上猪的皮下脂肪厚，出汗的散热效果很有限，所以猪只好以浅呼吸（喘气）来散热，通过舌头上的水分蒸发带走热量。反之，太冷时猪会通过肌肉的连续收缩和放松反应来产生热量，这也就是平时所谓的发抖现象。猪的其他体温调节行为还包括：增加饮水及水浴来散热，通过卷曲身体来保温等。

就仔猪而言，哆嗦是最常见的温度调节行为。当仔猪遇冷时，会动用脂肪和能量来抵御寒冷，然而仔猪出生时只有 1％的体脂和非常稀疏的被毛，这对保温作用很小，70％的糖原（能量的储备形式）仅在出生一天就用尽了。根据环境温度的变化，仔猪会通过改变躺卧姿势或改变与其他仔猪位置的方式来调节温度。在较冷的环境中，如果没有热地板，它们将尽量减少同地面的接触（全支撑的姿势），以减少经地板传导散失的热量。仔猪互相拥挤在一起以保存热量，通过这种方法仔猪可以减少约 40％的体热损失。然而，挤在一起的方法并不能解决温度过低带来的问题，弱小仔猪从群体游离出来，它们所处的环境更为不利，更加寒冷。当温度较高时，仔猪平躺在地上，最大限度地与地面接触（侧卧在地），身体与地面接触越多，热量经凉地面的热传导损失越大，仔猪分布的距离也较为疏松。当温度适宜时，仔猪躺卧自然，或舒服地休息，或活泼地运动、吮乳。

猪的最适温度随体重和年龄的增加而下降，在最适环境温度范围内，猪的产热和散热维持着动态平衡，因此猪的体温保持恒定，饲料利用率高，生长速度快，抗病力强。随着养猪业规模化、集约化发展，猪群的密度进一步提高，限位栏和高床产房的推广与使用使猪场对高温季节更为敏感。猪的耐热性与品种和体型大小、体重等因素有关。体型越小越耐热；规模化养殖外三元猪品种，生长速度较快，更易发生热应激。环境温度超过最适温度范围，猪的产热则大于散热，猪就要通过急促呼吸加强蒸发效应和行为调整（饮水或改变姿势）来实现散热，或通过减少采食量以减少体热产生来调节体温平衡。然而，通过增加散热和减少产热仍不能维持机体的体温平衡时，就会引起猪体温升高。过多地产热并蓄积在体内不能散发，体温则居高不下，导致猪的神经内分泌系统发生变化，引起热应激甚至热射病（中暑）。

第六节　适合集约化生产的猪生产学特性

现代集约化养猪要求按现代工业生产方式来生产猪肉，实行流水式生产工艺，具有以下特征：规模大，饲养密度高，现代化养猪的规模是以年产肉猪万头为单位。现代化养猪为了充分利用土地和设备，实行集约化生产，密闭饲养，猪被关闭在生产车间里饲养，全价配合饲料是猪的唯一营养来源。在封闭的猪舍内，人工控制环境，温度、湿度等条件比较稳定，生产节律短，劳动生产率高。为了充分合理地利用猪舍，全年生产分批节律性进行，批量大小及节律与猪场的规模有关，在一定的时间里，要有一批肥猪出栏，一批母猪配种，一批母猪分娩，一批幼猪断奶，一批仔猪育成。“全进全出”流水式生产工艺流程，即猪场分为若干生产单元（车间），按着流水作业批量连续生产的原则进行生产。

现代集约化生产，在家禽上比较成功，而在家畜上，只有猪具有这样的生产学特性，概括起来，有以下几个方面：

1. 生长周期短　114d胎儿期，一般180d出栏。作为商品的肉用猪从出生到屠宰，一般150～210d；繁育母猪4～5月龄性成熟，

6～8 月龄即可初配，一般一年半为一个世代；作为猪的生命周期 4～5 年，只利用了青年时期；商品的生产周期短，虽比鸡的周期长，但比多数家畜的周期短，如牛需要 2 年，羊需要 1.3～1.5 年。

猪是不完全胚胎发育，妊娠期只要 114d，一年可以生 2.3 胎以上，比牛、马、羊、驴等妊娠期短得多，既容易调整生产，也可在短期内提高效率。对变幻莫测的市场经济更具有适应性。

2. 母猪繁殖的多胎性　猪属多胎哺乳动物，比其他家畜（牛、马、羊、驴等）年产出栏仔多几倍。繁殖力最高每胎产仔 8～12 头及以上，中国地方猪种具有较高的多产性，尤其太湖猪，曾有一胎 42 头的纪录。现代猪种的选育，都曾引入中国血统，都有可观的产仔数，较高的母猪繁殖力。猪的繁殖没有严格的季节性，一年四季都能发情配种，每年可繁殖 2 胎以上，现代规模化养猪实行早期断奶，一头母猪可以两年产 5 胎，以每头年繁殖 18 头仔猪计算，一头母猪一年可提供 1.5t 商品猪。这些特性是迅速增加猪的繁殖头数，加快育种进程，提供肉食品的最有利条件。

3. 饲料效率高　现代家猪的小肠长度，可达体长的 13.5 倍，猪的消化道特点，使猪能够采食各种饲料来满足生长发育的营养需要，故饲料通过消化道的时间长（18～20h ），消化吸收充分。猪对精饲料中有机物消化率为 76.7%，青草中有机物消化率为 44.6%。猪的唾液腺发达，能分泌大量含有淀粉酶的唾液，能将少量淀粉转化为可溶性的糖。猪的胃是肉食动物的单胃与反刍动物的复胃之间的中间类型，因而能广泛地利用各种动植物和矿物质饲料，且利用能力较强，甚至对各种农副产品及鸡粪、泔水等都能利用。

猪的采食量大，很少过饱，消化快，养分吸收多。猪对含纤维素多、体积较大的粗饲料利用能力差，这是因猪胃内没有分解粗纤维的微生物，只有大肠内少量微生物可以分解消化。猪不仅对含粗纤维多的饲料利用率差（为 3%～25% ），且日粮中粗纤维含量越高，消化率越低，所以在配合猪饲料时，应注意饲料的全价性和易消化性，控制粗纤维的比例，瘦肉型猪或培育杂交猪尤其应注意，尽管我国猪种具有耐粗饲特点，但也符合上述特性。猪在6月龄以后，在体内有强烈沉积脂肪的能力。猪食入1kg淀粉，沉积脂肪356g，为牛的1.4倍；食入1kg脂肪，沉积脂肪880g，为牛的1.7倍；食入1kg蛋白质，沉积脂肪363g，为牛的1.5倍。

4. 易训化，性情温和，易于饲养 在野生状态下，猪奔跑速度快，加上公猪巨大的獠牙，粗壮的脖颈，不但有能力对付狼群，而且敢于与豹、老虎、熊争斗。然而，在人类的驯化下，显得非常易变并且非常服从人类的选择，可塑性强。生产用的母猪、阉公猪性情温和，易于饲养；配种和采精用种公猪，具有一定的危险性，生产中要加以注意和防护。

5. 屠宰率、出肉率高 猪的胴体出肉率，因屠宰、品种、体重、膘情不同而有差别，一般可达65%～80%，比其他家畜（牛、马、羊、驴等）高得多，如牛、羊仅为45%～55%。猪肉含水分少，含脂肪量高，每千克猪肉含有12 892kJ左右热能、160g以上的蛋白质，矿物质、微生物的含量也很丰富，因而猪肉的品质优良、风味可口，是人类极为重要的动物性营养物质。在中国，猪的内脏、头、蹄可以被做成风味食品，猪肉的利用率更高。

现代集约化养猪的品种多采用引进瘦肉型，主要是因为引进瘦肉型猪的瘦肉率和出肉率高。通过对引进瘦肉型猪进行繁殖饲养，并充分发挥杂交优势。

6. 肉无膻腥味，易烹调 猪的肉质好，猪肉与牛、羊肉比较，含水分少，含脂肪和热量高。因为猪生长周期短，生长速度快，其肌纤维较牛、羊细，而且肌间充满脂肪粒，因而猪肉品质优良，肉嫩而味美，是人类最为重要的动物性营养物质。中国出栏猪以去势公猪和母猪为主，无膻味、无腥味，胴体瘦肉多，肌肉鲜红，肌纤维细嫩，脂肪洁白，具有蛋白质含量高，钙、磷、铁等矿物质含量丰富，以及皮薄肉嫩、蒸煮易烂、香味浓郁的特点。

第三章　规模化养猪使用的品种与育种

第一节　猪的品种

猪的品种是指具有共同祖先和相似外形的一群猪。现代生产用猪品种，根据每个国家制定标准不同，对种群数、公猪数、母猪数都有最低要求。猪的品种，特别是指经驯化后，有别于野生性种群，经人工选择发展，并由人工控制繁殖以维持的种群。全世界有400多个猪种，中国本地约有48个，现在几乎国外优良的猪品种，都在中国饲养。

在历史上，公认猪品种有3种类型，脂肪型、肉脂兼用型和瘦肉型。无论品种特性还是生产水平，中国都在脂肪型猪品种上占有优势，然而，目前几乎全世界猪的品种都朝着瘦肉型猪的方向发展，以生产高品质的猪肉。

一、国内品种

中国拥有地方猪品种64个，为世界之首。包括东北民猪、西北八眉猪、两广小花猪、海南猪、滇南小耳猪、香猪、浙江金华猪、太湖猪、姜曲海猪、乌金猪、荣昌猪、藏猪等。培育品种有20多个，包括北京黑猪、上海白猪、伊犁白猪、赣州白猪、汉中白猪、三江白猪、新金猪、北京花猪等。中国地方猪种性成熟早，排卵数多。据对东北民猪、金华猪、嘉兴黑猪、内江猪等9个品种的统计，性成熟时间平均为130日龄，排卵数初产猪平均为17.21个，经产猪为21.58个。外国猪种性成熟一般在180日龄以上，排卵数也较少。在此，选用几个有特点的国内猪品种，介绍其特性。

1. 金华猪　俗称两头乌猪，原产浙江金华地区。金华猪躯干为白色，头颈及臀尾两部分为黑色。耳中等大，下垂，背腰宽而微凹，四肢细。繁殖力强，每胎产仔12～14头，而且生长快，成熟早。成年猪体重可达150kg以上。金华猪皮薄骨细，股骨长，瘦肉多，肉质佳。驰名中外的“金华火腿”，就是用这种猪的后腿制成的。

2. 北京黑猪 原产北京，由当地猪与高加索猪、巴克夏猪、新金猪、苏白猪等杂交育成。毛黑色，头宽，嘴短而直，耳前挺，背腰宽平，四肢强健。北京黑猪具有生长快，饲料利用率高，耐粗饲和抗病、抗寒力强等优点。每胎产仔10～11头。成年公猪体重200kg以上，母猪170kg左右。

3. 上海白猪 原产上海，由当地猪与约克夏猪、苏白猪等杂交育成。全身白色，额宽，嘴长短适中，耳前倾，背腰宽平，腹部稍大，具有耐青饲、善于利用农副产品、生长快和抗病力强等优点。每胎产仔11～12头。成年公猪体重约200kg，母猪150kg。

4. 荣昌猪 原产四川荣昌一带。荣昌猪早熟易肥，肉质佳，脂肪多。每胎可产仔10头左右。成年猪体重150kg左右。荣昌猪以鬃长洁白而著称于世。体质粗壮结实，头长，嘴筒粗而长直，额部多有旋毛，耳中等大小、下垂。体躯较窄，背腰平直，后躯较前躯略高，腿臀较发达，大腿下部常有皱褶，俗称“穿套裤”，四肢粗壮，蹄质坚实。被毛多为黑色，部分为棕褐色，还有少数猪有“六白”特征。被毛长而密，绒毛较多。

二、国外品种

主要介绍几个有特点、规模养猪常使用的国外猪品种。

1. 长白猪

（1）产地与分布。长白猪原产于丹麦，原名兰德瑞斯，是目前世界上分布最广的著名瘦肉型品种。因其体躯较长，全身被毛白色，故在我国称其为长白猪。

（2）外貌特征。长白猪全身被毛全白，体躯呈流线型，头小而清秀，嘴尖，耳大下垂，背腰长而平直，四肢纤细，后躯丰满，被毛稀疏，乳头7对。我国饲养的长白猪，来自6个国家，体型外貌不尽一致。20 世纪 60 年代引进的长白猪，经过多年的驯化，体型也有些变化，由清秀趋向于疏松，体质由纤弱趋向于粗壮。初引进时，往往因蹄底磨损或滑跌而发生四肢外伤或不能站立。目前其蹄质较坚实，四肢病显著减少。

（3）繁殖性能。母猪初情期 170～200 日龄，适宜配种期230～250 日龄，体重 120kg 以上。母猪总产仔数，初产 9 头以上，经产 10 头以上；21 日龄窝重，初产 40kg 以上，经产 45kg 以上。在国外三元杂交中长白猪常作为第一父本或母本。

（4）育肥性能。长白猪具有生长快、饲料利用率高、瘦肉率高、产仔较多等特点，而且母猪产仔较多，奶水较足，断奶窝重较高。达 100kg 体重时 180 日龄以下，饲料转化率 1∶2.8 以下，100kg 体重时活体背膘厚 15mm 以下。于 20 世纪 60 年代引入我国后，经过 30 年的驯化饲养，适应性有所提高，分布范围遍及全国。但体质较弱，抗逆性差，易发生繁殖障碍及裂蹄。在饲养条件较好的地区以长白猪作为杂交改良第一父本，与地方猪种和培育猪种杂交，效果较好。

2. 大白猪

（1）产地与分布。大白猪原名大约克夏猪。产于英国北部英格兰的约克郡地区，原有大、中、小三型。大型大白猪是目前世界上分布最广的瘦肉型品种之一。长白猪也是丹麦从英国引进大白猪与当地土种白猪进行杂交改良，选育成当代最优秀的瘦肉型猪种。

（2）体貌特征。被毛全白，体格高大，体型匀称，全身大致呈长方形。背腰微弓。头颈较长，鼻稍大，额宽脸凹，耳中等大，稍向前直立。背线外观大体平直，背腰长，腹部紧凑，下臁部充实。胸宽、充实、臀宽。乳头 7 对以上。

（3）健壮性及杂交利用情况。全身各部位紧凑，肌肉发达，腿厚，体质强壮。蹄质好，肢蹄站立端正，肢间距宽，步态轻盈强壮。适应性强，耐粗性强，应激反应少。大白猪引进后，主要是作为母本进行杂交繁殖用，也可作为父本与我国的地方品种进行二元杂交，效果也好。在规模化养猪中，大白猪常作为母本或重要的父本品种。如长大或大长二元杂交母猪是当今商品生产中最受欢迎的杂交母本。

（4）繁殖性能。大白猪繁殖性能好，母性强，产仔率高，产奶能力强。据国内种猪场测定，第一胎平均产仔 11 头，育成 9 头，经产母猪为 13 头，育成 10.2 头。

（5）育肥性能。生长发育较迅速，159 日龄体重达 100kg，日增重 873g，膘厚 1.9cm，瘦肉率 65%。

3. 杜洛克猪

（1）产地与分布。杜洛克猪产于美国东北部，育成后被引至世界各地繁殖饲养，分布较广。我国在 1998 年相继从美国、日本、匈牙利、加拿大等国引入。

（2）体貌特征。全身被毛呈棕红色或咖啡色，无白斑或黑毛，头小，嘴短直，耳中等大，略向前倾，耳根较硬，耳尖稍下垂，背腰弓形或平直，腰线平直，体躯较宽，肌肉丰满，后躯发达。该品种是优秀的终端父本。其杂交后代的遗传性并不稳定，不能用作纯繁。

（3）繁殖性能。成年公猪体重 380kg 左右，母猪 300kg 左右，10 月龄开始配种，初产母猪产仔 9 头，经产母猪产仔 10～12 头，乳头 7 对以上。

（4）育肥性能。生长发育快，肥育性能好，饲料利用率高，胴体瘦肉率高，肉质好，6 月龄体重达 100kg，平均日增重 650～750g，料肉比 2.8∶1 以下，屠宰率 73%，胴体瘦肉率 62%。

4. 皮特兰猪

（1）产地与分布。皮特兰猪原产于比利时的布拉帮特，是瘦肉型猪，该品种 1955 年才被公认，最近在世界各地流行。良特兰猪于 20 世纪 80 年代引入我国。

（2）体貌特征。皮特兰猪毛色灰白，而夹有黑色斑点，有的还有部分红色，耳中等大小向前倾，体肥尾短，肌肉特别发达。

（3）繁殖性能。繁殖能力较低，经产母猪平均产仔 9.7 头。该品种中 50%的猪含有氟烷基因，抗应激能力很差，与杜洛克母猪杂交后，其杂交后代公猪可作为四元杂交方式的优秀终端父本。

（4）育肥性能。生长迅速，6月龄体重可达90～100kg，日增重750g，屠宰率76%，胴体瘦肉率65%～67%，但出现PSE肉（pale soft exudative meat，俗称白肌肉）普遍。

三、我国地方猪种与国外猪种的比较

近年来，经对出土文物的同位素测定证明，中国养猪的历史至少已有5 600～6 000年。中国猪繁殖力高，耐青粗饲料和低水平管理，肉质好，早熟易肥，为世界公认。世界上著名的英国巴克夏猪、约克夏猪，美国波中猪，早期罗马猪，都是引入中国猪而育成的。近年来，法国、日本、匈牙利、泰国等许多国家还在继续引入我国的太湖猪和金华猪等，以改善和提高本国猪的繁殖力和肉质。

中国地方猪种产仔数多，上述几个品种初产平均10.54头，经产平均13.64头。国外繁殖力高的品种长白猪、大白猪初产平均9.25头，经产平均11头。养猪先进的国家都引进我国的太湖猪、东北民猪等与其本国品种杂交，以利用我国猪种的高产仔基因。中国地方猪种与外国猪种比较，除具有乳头数多、发情明显、受胎率高、护仔能力强、仔猪育成率高等优良繁殖特性外，还有下列优势或劣势。

1. 肉质 中国地方猪种虽然脂肪多、瘦肉少，但肉质明显优于外国猪种。国外一些改良选育的瘦肉型品种，PSE肉发生率高，而中国地方猪种肉质优良，肌肉嫩而多汁，肌纤维较细，密度较大，肌肉大理石纹分布适中，肌纤维间充满脂肪颗粒，烹调时产生特殊的香味。

2. 适应性 在长期的自然选择和人工选择过程中，我国地方猪种具有良好的抗寒、耐热、抗病、耐低营养和适应粗纤维饲料的能力。

3. 生长速度 外国猪种生长速度明显高于中国本地猪种。在生长肥育期内，中国地方猪种如民猪、金华猪、太湖猪的平均日增重为453g，外国猪种长白猪、杜洛克猪、大约克夏猪的平均日增重为667g。外国猪种180日龄体重可达90kg以上，而中国地方猪种体重达 90kg 时则远远超过 180 日龄。

4. 饲料利用率 饲料利用率的高低，直接影响到饲养成本的高低。中国地方猪种民猪、金华猪、太湖猪平均料肉比为 3.5∶1，外国猪种长白猪、杜洛克猪、大约克夏猪的平均料肉比为 3∶1。外国猪种的饲料利用率高，可节省饲料，降低饲养成本。

5. 瘦肉率 外国猪种的胴体瘦肉率高于中国地方猪种，外国猪种体重 90kg 时胴体瘦肉率达 55%以上，我国地方脂肪型猪体重 90kg 时胴体瘦肉率在 45%以下。

第二节 规模化养猪的猪育种

一、规模化养猪的猪育种目标

科学技术的不断发展与进步，体现在猪育种上，就是杂交一代的广泛应用。规模化养猪场出栏的育肥猪几乎都是杂交一代，使猪的日增重突破 800g，瘦肉率达到 60%以上，料肉比达到 3∶1，出栏猪 180 日龄体重达到 120kg 以上。

近几年，随着育种理论与实践的不断发展，养猪业发达国家的猪育种已从品种选育逐渐过渡到专门化配套选育，针对各个品系在杂交体系中的不同用途，突出重点性状进行遗传改良，然后系间配套杂交，综合各品系的优势提高商品猪的生产性能和经济效益。

培育配套系，首先要有一个完整的杂交繁育体系，在此基础上通过对核心群亲本的选育以培育亲本系，然后通过杂交配合力测定确定杂交组合，并生产父母代或繁殖群以提供商品仔猪。如果没有完整的杂交繁育体系，育种工作将没有依托，引入品种的生产性能也难以得到保持和提高，这就是建立新杂交繁育体系的目的所在。

现代规模养猪的育种目标是，以最低的成本和大众可接受的方式生产优质瘦猪肉。决定猪育种目标的因素主要是市场和消费需求，确保生产群体在预期的生产和市场条件下获得最大的经济效益。这与传统教科书强调的品种培育不同。中国现代规模养猪育种目标的发展经历了从注重畜禽生物学特性到追求最大经济效益等漫长的发展过程，现在仍被学院派的育种学家所诟病。

现代规模养猪者，必须根据市场和消费者的需求不断调整。从生产者的角度来说，需要以最低的成本和大众可接受的方式生产优质瘦猪肉。育种目标有3个不同方向：一是提高已有较高水平的生产性能（包括瘦肉率、瘦肉组织生长速度、饲料效率、胴体品质和体形、每头母猪年产仔数及均匀度）的潜力，二是最大可能地在实际生产中充分表现这些潜力（包括猪群的抗病力、适应性和抗应激能力）；三是品质育种。

对以猪肉为重要食品的我国来说，生活水平迅速提高，肥肉价值越来越低，在竞争激烈且消费者的高要求下，必然会对猪肉质量提出越来越高的要求。因此，21世纪中国所培育的猪应具有以下特色：要具有中国猪的高繁殖及哺育能力；生产性能和饲料转化能力高；商品猪瘦肉率高，肉质好，肌间脂肪多，背膘薄而均匀，腹脂少；有良好的体质，抗病及抗应激能力强，免疫机能健全，生活力良好。

现代规模养猪的育种，更多的是猪的本品种选育，所采用的引进猪种，就是以杜洛克猪、大白猪、长白猪等几个品种为基础，即采用同品种的公、母猪交配，通过本品种内的选种选配、品系繁育、改善饲养管理等措施，来保存本品种原有的优良特性，同时改变某些缺点，以进一步提高本品种的品质。在同一个品种的猪群中，个体间的生产性能、体貌特征和体质状况都有差别。在猪群的繁育和改良过程中，把表现优秀的，品种特征明显的公、母猪挑选出来作种猪，叫作选种。挑选出来的种猪，要根据每头的特点，再决定哪一头公猪与哪一头母猪进行交配，这称为选配。

选种、选配，是提高猪群质量的基本措施。通过选种工作，使猪种优良性状得到发展和积累，同时及时淘汰劣质性状，使其向着人们的要求发展。所以，选种、选配，实质上就是通过一代代的选优去劣，积累、巩固和加强对人们有益的性状，控制猪群遗传性的变化和发展，控制变异的方向。选种、选配的效果与外界条件有密切关系。因此，选种、选配工作必须与改善饲养管理结合起来，才能达到预期的目的。

现代规模养猪的育种还有联合育种。联合育种的目的是解决小群体选育所面临的问题。将计算机、网络、分子生物技术及遗传育种理论的最新方法等现代科学技术应用到猪育种当中去，增加核心群体的数量，提高选择强度，减缓近交衰退，加快遗传进展，提高猪的遗传水平。主要测定的性状是：达到 100kg 体重的日龄、产仔数、背膘厚及眼肌面积和肉质性状。育种结构的形式为金字塔形，即由核心群、繁殖群及商品群组成。在核心群主要进行纯种性能的选择提高；繁殖群的主要目的是扩大良种的数量和生产杂种父母代；商品群主要进行杂种或纯种猪的商品猪生产。总之，联合育种可以提高遗传进展和育种值估计的可靠性，降低近交增量。

二、规模化养猪的猪品种选育

1. 繁育体系 规模化养猪的猪育种，在配套系种猪繁育中按猪种性质可分为不同层次种猪系统，如原种、曾祖代、祖代、父母代猪群等；依种猪群的作用又可分为选育群（原种）、繁殖群（祖代）、父母代群及商品猪群。改善商品猪的育种工作，唯一有效的方法，是在纯种选育基础上进行杂交。杂交生产的成败，关键取决于杂交亲本品种或品系的选择，以及正确的杂交组合。

2. 父本系 在杂交组合和杂交配套系中，用于公猪的猪种或专门化品系就是父本系。父本系品种要求生长快、瘦肉率高、肉质好、饲料转化率高。当今世界主要选择使用的父本系有以下几种。

（1）杜洛克猪。育成于美国。主要特点是生长快，其次是瘦肉率高。杜洛克猪肉质鲜红，体型高大，体质结实，采食量大，饲料选择不严格，后代生活力强，对南方气候有较好适应性。同时杂交效果显著，是当前我国使用最广泛的终端父本。主要缺点：产仔较少、体躯短、四肢病较多。

（2）汉普夏猪。育成于美国。主要特点：瘦肉率高，眼肌面积大。引入我国后，由于适应性较差，杂交效果不理想，作为杂交父本使用很少。

（3）皮特兰猪。原产比利时。主要特点，体型矮短，全身肌肉非常发达，瘦肉率很高，达68%～70%（个别报道76%），但产仔少，肉质差，应激反应大，杂交效果除瘦肉率较好外，后代体型矮短，日增重慢，黑斑多，群众不喜欢。目前有生产皮×杜公猪，与其他母本杂交，体身较短矮，而肌肉较丰满。

此外，还有比利时长白猪，英国大约克猪，丹麦长白猪、老长白猪等。

3. 母本系　在杂交组合和杂交配套系中，用作母猪的猪种或专门化品系就是母本系。母本系品种以繁殖性能如产仔数与庇护能力为主选。要求繁殖能力强、泌乳力好，对仔猪有良好的哺育能力。

（1）长白猪。原产丹麦，最有代表性的还是丹麦长白猪。主要特点：产仔多（10.5～12头），泌乳力强（28d头重达7kg以上），而且生长快，日增重达863～933g，瘦肉率高达62%～64.4%，所以本种可以作母本，也可以作父本使用。但本种饲养条件要求较高，肢蹄病较多。

（2）大约克猪。育成于英国。本种特点：一是产仔多，窝均11～12头；二是日增重快，瘦肉率高，61%～63%及以上，可作母本，也可作父本。大约克猪与长白猪比较，其体质结实，较耐粗饲，但体型比长白猪稍短。为了增长母猪体躯，可用长白公猪×大约克母猪杂交生产长大杂母猪。

4. 国外配套系　国外通过品种间杂交逐渐探索了猪配套系培育的路子，并开始为各生猪育种公司所引用且成为一种种猪产业。原来美国迪卡公司在猪的配套系产业化方面是十分成功的，后来英国的PIC公司由小到大，扩展到美国逐渐占有优势，已有取代迪卡公司的趋势。目前欧美国家已有不少种猪公司出售配套系猪。

那么猪的配套系培育究竟有什么特点呢？猪的配套系培育特点首先在于猪的品种资源非常丰富，而每个品种都有它自己不同的遗传特性，有的适合作父本系，有的适合作母本系，这是长期选育的结果，其基因型间的差异是很明显的。因此杂交后产生的杂交效应也显著。国外猪种生长快，瘦肉生长多，皮薄，符合生活水平提高后中国人的需要，这是可以被充分利用的现成资源和培育专门化品系的素材。猪的配套系培育有它自己的特点，而且猪的配套系培育已逐渐发展成成熟的产业，因此在各方面都有很大探索和开拓空间，规模化养猪的猪育种不必拘泥传统育种方式，根本目的是根据猪的特点获得最佳的有益的杂交效益，明确了这一点，就可以减少很多教条的束缚。

5. 猪配套系选育目标的确定 猪的育种工作中，首要问题是选育目标的确定。猪配套系的选育目标，首先应该以所要生产的商品猪的要求作为首要目标；在繁殖性状方面要考虑父母代的要求，而原始选育亲本素材则根据选育目标来确定专门化品系的要求、选定其亲本并制定目标，因此对专门化品系要定不同目标，主要看其在配套系中的位置及任务。这一点与培育一个品种或一个品系的方法具有很大的区别且复杂得多，因为还要观察其杂交配合力的情况。由此可知，在一个配套系中要同时对几个专门化品系开展育种工作，工作量特别大，技术内涵也深广。

培育我国猪配套系必须符合我国的国情。我国几千年形成的饮食文化，对于猪肉肉质有特殊要求，这与国外对猪肉要求是不同的。归纳起来，今后应该培育具有以下特点的配套系猪：繁殖力及哺育能力高；生长性能及饲料转化能力高；商品猪瘦肉率较高、肉质好、肌内脂肪多、背膘薄而均匀、腹脂少；体质好、抗病及抗应激能力强、免疫机能健全、生活力良好。这些综合要求应该是平衡的、全面的。

6. 关于专门化品系的选育问题 以专门化配套品系杂交生产的商品猪称为优杂猪。现代商品猪要同时具备生活能力强、生长速度快、饲料利用率高、瘦肉率高和肉质好等特点，同时制种方便。目前我国优杂猪品种多为杜长大猪。

三、选择最好的血统和种猪个体组成纯种（纯系）核心群

核心群是整个猪场核心，也是提高杂交商品猪质量的基础，所

以一定要按照生产记录和测定的结果，认真选良好血统和个体来组成核心群。首先是选择性状遗传力，其次是考虑个体差异。选择强度主要取决于供选群大小和留种率，缩小留种率，就可提高选择强度。

专门化品系的选择是没有固定模式的，首先是原始亲本群的组成上，可以是一个品种，也可以是几个品种杂交后选育的，这要根据商品猪的要求确定。因为目前所有的猪品种都有它本身的特点，可充分利用。比如杜洛克猪和大白猪及长白猪之间品种差异明显，很多性状的特点不一样；而杜洛克猪与汉普夏猪之间也有很多差异；中国猪和外国猪间，中国猪的不同品种间基因型也有很多差异。因此要根据配套系选育目标选择原始亲本，并根据其原始的配合力测定结果，选择适合的品种作原始亲本。猪的不同品种之间遗传差异比较明显，特点也明显，可以充分利用，在确定原始亲本时作为主要参考。因为各品种猪之间的明显差异，往往杂交效益易于获得，所以专门化品系就可以利用原来品种作为基础，不一定都要选用杂种。中国猪的利用可以采用各种不同的方式，比如当商品猪要求瘦肉率不是特别高，达到60%左右即可，但要求繁殖率和肉质高，则可以培育一个母系是以本地猪比例高一点的专门化品系，再与相应的父母系组成配套系。如果当瘦肉率要求高一些，而产活仔数在12头左右，要求不太高，肉质较好即可，则可以由本地猪血缘比例小一点的品种与相应的外来品种杂交后培育专门化品系并与其他专门化品系组成配套系。

关于专门化品系的选育，有两点要明确，其一是专门化品系的选育是动态的不是静态的；其二是配套选育不能单独一个系一个系选育，一定要将各个专门化品系放在一个体系内进行，也就是培育过程中要不断观察系间配合力测定情况以及时修改选育措施。

专门化品系是与配套系相对而言的，是在特定的配套系中专门作父本系的或专门作母本系的猪群，称为该配套系中的专门化父本系或母本系，因此单独培育的一个系只能是一个品系，而不是专门化品系。专门化品系是利用杂交中的特殊配合力，因此其父母系是特殊选出来的，同时专门化品系要建立若干家系，以供选择。

配套系的选育是一种动态的选育，是指配套系的选育完全有可能是在组成配套系原始基础种群以后开始选育，在选育过程中不仅各品系在不断提高，相应的杂交效益也随之提高。在一般情况下，可以参考他人杂交成果选定配套系的原始亲本，但是原始亲本的起点一定要高，要符合选育目标。在这个过程中，一些不良的家系逐渐被淘汰，要不断跟踪猪群中的变化，并做出是否引入新的基因或修改措施的决定。

没有完整的杂交体系，配套系无法发挥作用，而同时没有杂交体系也很难培育猪配套系，杂交体系是结合生产建立的。完整繁育体系建立后，从商品猪群中，可以获得大量杂交的信息，从父母代群中获得繁殖信息，结合专门的纯种及杂交测定，就可以反馈出一个比较完整的杂交遗传信息，从而不断推动配套系的改良。在杂交体系内基因可以上下流动，育种成果能迅速获得，在配套系基本培育成时，其成果在生产中已充分体现出来。

配套系猪的最大特点之一就是其选育的灵活性。当发现某一个母本系或父本系中有某些缺点时，除了在选育过程中加以克服外，也可引入一些新的家系（杂交形成的专门系，则可另外形成新的家系）加以改进，还可培育另一个专门化品系，比如以外来品种猪为基础的配套系猪，其肉质及繁殖性能不理想，则完全可以在这个配套系中再培育一个以中国猪为主的专门化品系，以提高繁殖率和改善肉质，或者在市场上对猪提出一个新的要求时就可以根据这些要求，结合原来配套系的特点选择适当的猪群组成一个新的专门化品系，这样做可以很快地达到目的且比培育一个新品种要快得多。

生物技术的发展为猪的育种工作开拓了广阔的前景。目前从实际应用方面看，基因标定工作已在育种工作中得到部分应用，肉质、繁殖、生长等方面的主效基因，都陆续地在开发和应用。在配套系培育过程中，配套系猪的培育，今后必然会迅速开展起来。猪有很多特点，有利于配套系的培育，正如前述猪的各品种中，就已经形成了适合作父本系的或适合作母本系的猪品种，这种长期培育形成的品种间的遗传差异在杂交过程中必然会反映出一定的有利的杂交效应，只要认真坚持做好原始亲本的选育工作，并有目的地定向选育及开展杂交选育，必然会取得好的效益。当前我国经济发展很快，农村经济结构的改变也已开始，养猪集约化生产及其产业化也已逐步地发展，这为发展配套系猪提供了广阔的天地。

四、三元杂交猪

商品猪生产中杂交目的，一是利用亲本优势，二是利用亲本优良性状的互补性。可以选择二元杂交、三元杂交、四元杂交、回交模式等。三元杂交优于二元杂交，四元杂交可以充分利用杂种公、母猪杂交有利优势和几个纯系性状的互补性，但三元杂交、四元杂交共同缺点是需要亲本群较多，而且杂交公、母猪的制种供应、繁育体系较复杂。

目前，二元杂交猪多为两个外种猪的杂交。二元杂交生产出的下一代母猪主要用于生产三元杂交商品猪。二元杂交的一代公猪一般经阉割育肥。试验表明，在相同的生产条件下，生产性能优良的长白猪和大白猪进行杂交生产，其产仔数高于纯种大白猪或长白猪12%左右，断奶仔猪窝重高于纯种大白猪或长白猪15%左右。一般讲，二元杂交猪的生长速度与纯种猪的生长速度接近，其瘦肉率是父母代的平均数。另外，二元杂交母猪的母性和泌乳能力明显优于纯种猪。与纯种相比，二元杂交猪的抗逆性强，较耐粗饲料。

三元杂交猪是由终端父本配二元母猪生产出的下一代猪，如杜长大或杜大长商品猪。三元杂交猪主要是结合二元杂交猪的优点和终端父本的优点，生产出生长速度快、瘦肉率高的商品猪，以获得最大的经济效益。试验表明，在相同的生产条件下，优质的二元杂交母猪和杜洛克公猪进行三元杂交生产，其产仔数高于纯种大白猪或长白猪15%，断奶仔猪窝重高于纯种大白猪或长白猪20%。由于断奶时仔猪的体重较大，所以从出生到育肥上市的天数较纯种猪要少。杂交猪的生长速度和瘦肉率与纯种的生长速度和瘦肉率相似，并不会因为杂交而发生明显变化。

五、中国瘦肉猪新品系

1. DIV系 初产母猪平均产仔数11.29头，经产母猪平均产仔数13.49头，肥育期日增重698g，饲料利用率2.91%，171d体重达90kg，胴体瘦肉率61.53%，肌肉品质优良；后备猪生长发育良好，后备公猪6月龄体重92～99kg，后备母猪81～89kg，6月龄时的活体背膘较薄，后备公猪为0.9～1.2cm，后备母猪为1.0～1.3cm，活体估测瘦肉率61.5%以上。以DIV系为母本，与杜洛克父本进行二元杂交；或以长×DIV系二元猪为母本，与杜洛克父本进行三元杂交，生产的杂优商品猪，肥育性能、胴体品质与肉质等主要经济性能指标居国内领先水平，是当前我国生产商品瘦肉猪优良的杂交组合模式。中国瘦肉猪新品系DIV系优良种猪及综合配套技术示范推广，1997年列入全国重大科技成果推广计划，1998年获教育部科技进步一等奖，1999年获国家科技进步三等奖。目前，中国瘦肉猪新品系DIV系优良种猪已推广至湖北、湖南、广东、江西、福建等十多个省份。中国瘦肉猪新品系DIV系既可作为生产出口商品猪的杂交母本，又适合城市“菜篮子”规模化猪场养殖。

2. PIC配套系 PIC配套系猪是由PIC种猪改良国际集团选育的种猪。PIC母猪，产仔数高，自主成活率高，母性好，泌乳性能优秀，适应性强，适合各地饲养，商品猪生长速度快，胴体性能好；PIC公猪，适合配种能力强，精液质量好，生长速度快，饲料转化率高，无应激。

3. 达兰配套系 达兰配套系猪是由荷兰TOPIGS国际种猪公司选育的种猪。达兰父本系体型大，生长速度快，背膘薄，肉质好。母本系同样体型大，繁殖性能好，产仔能力、哺乳能力和自主断奶体重及断奶发情配种性能都很好。终端商品猪体型结构具典型肉用方形体形，不是所谓的健美体形，体现整体的产肉率高，出栏体重大，整齐，生长速度快，饲料转换率高，肉质细嫩多汁。

4. 斯格配套系　斯格配套系猪是欧洲国家比利时斯格遗传公司选育的种猪。父本系特点：生长快，饲料利用率高，腰、臀和腿部肌肉发达丰满，背膘薄，瘦肉率极高。母本系特点：体长，成熟早，发情明显，仔猪出生重大，均匀度好，健壮，生活力强，母猪泌乳力强。4个父母代种猪平均产仔11.8～12.8头/胎，体重达到100kg时背膘厚12～13mm，不含氟烷基因，抗应激，体质强健，利用年限长。

5. 迪卡配套系　迪卡配套系种猪简称迪卡（DEKALB）猪，是美国迪卡公司在20世纪70年代开始培育的品种。迪卡配套系种猪包括曾祖代（GGP）、祖代（GP）、父母代（PS）和商品杂优代（MK）。1991年5月，我国由美国引进迪卡配套系曾祖代种猪，由5个系组成，这5个系分别称为A、B、C、E、F，均为纯种猪，可加以利用进行商品肉猪生产，充分发挥专门化品系的遗传潜力，获得最大杂种优势。迪卡猪具有产仔数多、生长速度快、饲料转化率高、胴体瘦肉率高的突出特性，除此之外，还具有体质结实、群体整齐、采食能力强、肉质好、抗应激等一系列优点。产仔数初产母猪11.7头，经产母猪12.5头。达90kg体重时150日龄，料肉比2.8∶1，胴体瘦肉率60%，屠宰率74%。该猪种宜于饲养管理，具有良好的推广前景。

六、配套系杂交基本步骤

（1）培育或确定母本系品种、品质后，应该选择最佳父本系品种、品系进行杂交，以求取最佳母本系的配合力。

（2）确定父本系品种、品系，一般通过配合力测定，确定哪个品种、品系的母本系与哪个品种、品系的父本系杂交最佳。最佳的标准，是以杂交后生产力高低来决定最佳配合力。

（3）配合力测定项目，应包括繁殖性能、肥育性能和屠宰成绩等方面，最好还能测定肉的品质。

七、杜洛克猪、长白猪、大约克猪主要性状选择标准

1. 杜洛克猪

（1）外形。毛棕红色、无花斑，头粗壮，耳尖下垂、颜色稍红，背宽而拱，大腿发达，肌肉丰满，腹线平，体坚实，四肢粗壮。

（2）成年公猪。体重 220kg 以上，体高 90cm，体长 175cm 以上。

（3）成年母猪。体重 200kg 以上，体高 85cm，体长 165cm 以上。

（4）生产性能。产仔数 8～10 头，育肥猪（25～90kg）日增重 650～700g 及以上，瘦肉率 63%以上。

2. 长白猪

（1）外形。全白，头轻狭长，颜面直，耳大向前下垂，体长，背宽，大腿发达，腹线平，乳头 7 对，皮薄，骨细，外貌清秀。

（2）成年公猪。体重 200kg 以上，体长 180cm 以上，体高 80cm 以上。

（3）成年母猪。体重 100kg 以上，体长 170cm 以上，体高 75cm 以上。

（4）生产性能。产仔数 11～12 头，育肥猪日增重（25～90kg）平均 650g 以上，瘦肉率 62%以上。

3. 大约克猪

（1）外表。全白，体型高大，头长，面有微凹，耳竖立，背腰宽，大腿发育，腹线平，四肢高而结实。

（2）成年公猪。体重 220kg 以上，体长 175cm，体高 85cm 以上。

（3）成年母猪。体重 200kg，体长 165cm，体高 80cm 以上。

（4）生产性能。产仔数 11～12 头，肥育猪日增重 700g 以上，瘦肉率 62%以上。

第三节　猪合理的上市时间

随着人民生活水平的提高，消费倾向趋向多元化，大城市居民和年轻人倾向于小型、瘦肉型猪，农村、40 岁以上的人倾向于大型、含本地血统的瘦肉型猪。从出栏重来看，供应我国香港的猪大致要求 95kg 左右，广东省出栏大致要求 105kg 左右，华东地区出栏大致要求 120kg 左右。各地不同的要求，体现不同的消费趋势。

猪的生长发育、胴体瘦肉率及肉质等性状，都属于高遗传力性状，可以通过种猪选择得到改良。但母猪繁殖性状属于低遗传力性状，受环境因素影响很大，必须通过很大的育种群体，很高的选择差，才能有所改良。当今世界育种有效办法：通过纯种选育提高高遗传力性状，然后再通过杂交（品种或品质间杂交）提高低遗传力性状，采用选育与杂交相结合的办法，提高商品猪生产力。市场和经济原因，使中国育种规划的育种目标从脂肪型猪转向瘦肉型猪。中国原有的基础品种不具有这方面的优势，于是纷纷转向国外寻求瘦肉型原种猪，在此基础上，开展重要的经济性状如产仔数、生长速度和饲料转化率的改良和选育工作。

单从规模养猪业的角度来看，中国猪的育种工作变得简单和容易。从欧洲、美洲及我国台湾等引进丹系、英系、加系、美系、泰系瘦肉型原种猪，在此基础上改良和选育，组成配合力好，后代性状表现优良的二元、三元乃至四元杂交组合，就可供应生产用种。

生产纯种猪的一般是原种场或一级种猪场。他们负责瘦肉型原种猪的引进，其生产的纯种猪被卖到商品猪生产厂家，用于杂交用的种猪使用，多数的规模化养猪业者，最主要的育种任务是制订杂交方案，杂交方案的目的是将几个品种的最佳性状尽量地结合在一起，使其产生的后代更优秀，具有脂肪含量低、产肉率高、饲料转化率高、生长速度快、抗逆性强的特性。随着育种分级制度的完善，现在规模化商品猪生产者，可以购买母本系青年母猪与父本系公猪完成交配，也可以只买母本系青年母猪再买精液进行人工授精，总之所有后备猪都可买到。无需建立从选育到出栏猪的全程生产体系。

我国已开展了很长的品系繁育工作，总结了不少经验，从 20 世纪 80 年代前的消费需求来看，我国的猪育种工作是卓有成效的，这为我国未来的猪育种工作提供了方法和材料，20 世纪 90 年代后，中国人的生活水平迅速提高，消费需求迅速改变，与我国几千年的猪的选育方向在一些方面是有区别的。规模养猪业必须注意到这种变化，在培育专门化过程中要不断进行配合力测定，选留好的家系，淘汰差的家系。采用如基因标定、杂种优势的预测技术等，推进新条件下的猪品种培育。

我国地域广阔，猪种丰富。根据具体情况，我国大部分地区适于土、洋结合的配套系，它可综合我国猪及国外猪种的优点，培育出适合各类消费倾向、丰富多彩、满足特殊需要的、具有优越商品性能的猪品种。

第四章　母猪管理

第一节　母猪的繁殖生理学

现代养猪业之所以能形成规模化、工业化生产，前提是母猪繁育能力的发掘。母猪怀孕期 114d，哺育期 21d 左右，断奶后一般 5～10d 再发情，一年可产 2.5 胎左右，每胎产仔 10～15 头，年产仔可达 30 头左右，很容易实现人工授精等，这些都与母猪的繁殖生理有关。因此，成功地实现规模养猪，是以提高猪的繁殖效率为前提，而繁殖效率的提高就要对母猪的繁殖生理系统有完整的理解。

一、母猪生殖系统的结构与功能

母猪的繁殖生理：母猪的生殖道解剖结构如图 4-1 所示，由两个卵巢、输卵管、子宫角、一个子宫体、子宫颈、阴道、阴道前庭及外生殖器等组成。

1. 卵巢　在胚胎学中，母猪的卵巢与公猪的睾丸是最为重要的生殖器官。卵巢可以生成卵子，分泌雌激素和孕酮。成熟母猪一侧卵巢重量为 3～7g，直径 2～4cm。卵巢表面不规则地分布着卵泡和突出于表面的黄体。母猪排卵前成熟的格拉夫卵泡个数有10～25 个，直径可达 8～12cm。母猪在一个发情周期中排卵数可达 16～25 个。

2. 输卵管　输卵管主要由输卵管伞、漏斗部、壶腹部、峡部等组成。输卵管的总长度可达 15～30cm。输卵管的机能包括输送卵子、精子，精子获能并完成受精及受精卵的卵裂。壶腹部与峡部相连，其长度占输卵管总长度一半，峡部直接与子宫角相连。

3. 子宫　猪的子宫是由一个子宫体和两个子宫角组成的双角

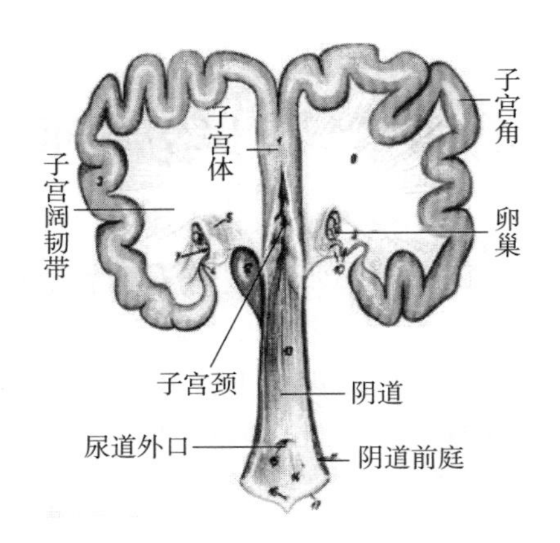

图 4-1　母猪生殖器官

子宫。受精卵在子宫角形成胎盘并着床。大概一侧子宫角可容纳一半的受精卵。成熟母猪的子宫角长度可达 122～125cm，子宫体的长度约有 5cm。

4. 阴道　母猪子宫颈与阴道分离明显，子宫颈比较厚且呈螺旋状，适合公猪阴茎深入。妊娠期间子宫颈完全封闭起到保护作用，有效防止了外部污染物质的入侵。分娩时子宫颈呈松弛状态并完全扩张，保证胎儿能顺利地从子宫分娩出。

大部分家畜交配时射精的场所都是在阴道，但猪在子宫颈内射精。成熟母猪的子宫颈长度可达 10～20cm。

5. 阴道前庭　阴道和阴道前庭与外尿道口、隆起的处女膜或处女膜痕分解出来。阴道前庭从处女膜开始延伸到阴户末端。

6. 外生殖器官　母猪外生殖器官由阴户与阴蒂组成，阴蒂的产生从胚胎学来讲与公猪阴茎的发生是相同的，区分性别特征。阴户是母猪生殖器官延伸到体外的末端。

二、生殖内分泌与激素

在理解猪繁殖机能之前，有必要先了解调节繁殖机能的器官组织及相互关系，如高级脑中枢、视丘下部、脑垂体前叶及性腺等。

1. 高级脑中枢　高级脑中枢对各种信息不断地做出迅速完善的整合与调节，使机体适应变化的内外界环境，主要包括中枢神经系统、松果腺及嗅叶。内外环境的信息首先通过感觉器官的认知后，再传到高级脑中枢进行调解。

2. 视丘下部　视丘下部与脑垂体前叶是调节繁殖机能的重要的中枢器官，可对内外部环境信息进行整合来调节机体生殖系统产生适当的反应。如上所述，高级脑中枢可认知外部环境的信息，内部环境信息可通过视丘下部的整合，来调节血液中与繁殖有关的激素及代谢激素的浓度。视丘下部也可以分泌释放激素（RHs）及抑制激素（IHs），这两种激素可通过脑垂体门脉血管作用于脑垂体，释放或抑制脑垂体部产生的激素进入血液。

3. 脑垂体前叶　脑垂体前叶在视丘下部的下方，直接受视丘下部的影响。脑垂体后叶附着在垂体前叶后方。脑垂体前叶的主要机能是分泌及存储繁殖激素和代谢激素，其中可分泌的 8 种激素中的 3 种是与繁殖有关的激素，如促卵泡激素（FSH）、促黄体生成素（LH）、催乳素（PRL）。视丘下部的释放激素作用于脑垂体释放促卵泡激素和促黄体生成素，此两种激素在视丘下部混合成促性腺激素释放激素（GnRH）。脑垂体对催乳素的释放或抑制是与视丘下部的催乳素释放激素（PRH）或催乳素抑制激素（PIH）联合调解的。

4. 卵巢　母猪脑垂体分泌的促卵泡激素和促黄体生成素主要的机能是促进卵泡生长及成熟卵子的排出，相互间起到协同的作用。促卵泡激素的主要作用是促进卵泡的生长及发育，促黄体生成素的主要作用是诱发排卵。卵巢在促性腺激素释放素、促卵泡激素和促黄体生成素作用下呈周期性变化，大致可分为 3 个阶段：首先，血液中的少量促黄体生成素及高浓度的促卵泡激素作用于卵泡，使卵泡生长、发育；其次，血液中的促黄体生成素浓度迅速增加，而促卵泡激素有所降低，卵泡排卵；最后，卵子排出的同时破裂的卵泡开始形成黄体，在此过程中血液中低浓度的促性腺激素释放素参与调解黄体的形成。此外，卵巢自身也可以分泌固醇类激素，如雌激素、孕酮的分泌。雌激素由卵泡内膜或卵巢间质细胞分泌，孕酮由黄体生成。雌激素在血液中浓度最高的时期是卵泡发育完全或即将排卵之前的阶段，而孕酮在血液中浓度最高的时期是黄体完全形成的阶段。

5. 子宫 排出的卵子与精子在输卵管壶腹部完成受精，受精卵分化并在子宫内着床开始妊娠。值得注意的是交配与妊娠两阶段对子宫内部环境要求也是完全不同的。交配时子宫只要处于适合精子和卵子正常活动的状态即可，而妊娠时就要求子宫的状态能适合受精卵正常着床及胎儿的不断发育。可以说子宫的状态与卵巢内固醇类激素变化是同步的，即将排卵之前雌激素分泌诱导母猪发情，排卵之后黄体分泌孕酮作用于子宫，使子宫发育达到妊娠所需要的最适合的状态。

6. 乳腺 妊娠期结束进入分娩状态，分娩同时母猪会产生乳汁保证仔猪的正常生长。此阶段母猪的脑垂体前叶会分泌生长激素及大量催乳素。实际上仔猪在吸乳的时候会刺激母猪的脑垂体前叶释放催乳素和脑垂体后叶释放催产素。血液中的催乳素作用于乳腺促进乳汁生成，而催产素的机能是帮助乳汁分泌。乳汁的生成与分泌需要多种激素参与，而催乳素在繁殖过程中起到非常重要的作用，故被称作泌乳激素。

三、性成熟

母猪的性成熟指的是后备母猪生长发育到一定年龄出现第一次发情并接受公猪爬跨或出现静立反射，即可以正常排卵，生殖器官已经发育完全，生殖机能达到了比较成熟的阶段，基本具备了正常的繁殖功能，称为性成熟。处女猪正常的性成熟日龄范围较广，可在生后135～250日龄不等，大概的日龄范围应该在200日龄前后。后备母猪一般会在生后120～160日龄不规则地出现1～8d的外阴部红肿现象，与正常发情类似。此时卵泡已经一定程度上发育完全，但是不会发生排卵，更不会允许公猪爬跨。这样的征兆会以21～22d间隔反复地出现，外阴部红肿将比上一次更加明显，阴户出现黏液，允许公猪爬跨行为，也会出现正常的排卵。因此后备母猪在生后8月龄、体重120～130kg，第二至三次发情时是配种较为理想的。性成熟日龄的变化很大限度上是受内外部环境影响的，如品种、遗传、营养状态、健康状况、饲养管理条件及气候等。到达性成熟的日龄和体重非常重要，所以后备母猪的性成熟与生长率和营养状态有密切的关系，另外性成熟时的日龄要比性成熟时的体重影响更为深远。

四、发情周期

在生理或非妊娠条件下，母猪每间隔一定时期均会出现一次发情，通常将这次发情开始至下次发情开始，或这次发情结束至下次发情结束所间隔的时期称为发情周期。猪的发情周期大概为20～22d（平均为21d）。母猪分娩、妊娠或极端恶劣环境应激情况除外，发情周期在一年中会不断反复。以母猪出现静立反射为准，发情的持续时间为40～70h（平均48h），经产母猪的发情持续时间相比初产母猪的发情持续时间要长，发情周期大致可分为15～16d黄体期和5～6d卵泡期。

五、发情征兆

母猪发情时外阴部发红肿胀、阴道内伴有黏液流出，人按压其后腰或骑跨上时后腿稍微分开，两耳向身体两侧竖立不动。开始爬跨其他母猪，或被其他母猪爬跨时开始站立，发出尖锐的哼声，积极寻找公猪，并有小便频繁、食欲减退等征兆出现。另外，发情中的寂静发情不易被检测出，发情征兆不明显或根本没有，排卵后也不出现静立反射，不允许公猪爬跨。出现此类发情的原因有多种，其中主要原因是运动不充分、过于肥胖、天气过热等，初产母猪较易出现此类情况。

六、同期发情

规模化养猪追求同期发情。同期发情的益处有：减少发情检验所需的时间、方便人工授精技术的应用、方便妊娠及分娩管理、降低新生仔猪的死亡率、方便断奶仔猪及育成育肥猪的管理、提高猪舍的利用率、降低疾病传染率、方便受精卵移植技术的应用、减少劳动力、合理利用猪舍及其他器具。

（1）出生后 150 日龄的后备母猪在没有运动场所的猪舍内饲养时，要多与公猪接触。

（2）出生后 80 日龄的后备母猪接受车辆运输或其他应激后与公猪接触。

（3）在经产母猪方面，同期发情是通过调节断奶日龄来实现的。一般经产母猪断奶后 4～5d 会出现再次返情。

（4）最近很多研究结果表明，利用激素可以调节动物同期发情，基本原理就是人为地利用激素使母猪的卵泡发育加速或加速黄体退化，以促进同期发情。但是，到目前为止养猪行业中利用激素调节同期发情的实用性较差。

七、排卵与配种时间

1. 排卵 影响排卵的主要因素有两点：一是包括年龄或基因类型等的内在因素；二是如营养环境或外源性激素等的外在因素。

排卵的时间应在母猪发情 40h 前后，排出的卵子保持受精能力的时间为 6～12h。第一次、第二次及第三次发情时排卵数都是有差异的。第二次发情比第一次发情可多排出 1～2 个卵子，第三次发情比第二次发情多排 1～1.5 个卵子。由于内在因素的限制，初产母猪的排卵数较经产母猪少，所以必须选择排卵数最多的时期配种才能增加母猪的产仔数。

母猪的排卵数在前 4 个胎次呈上升趋势，第七胎次达到最高水平，此后一生都会维持在这个水平。从第七胎次开始产仔数少的原因是胚胎死亡率的增加。一般排卵数的差异因遗传的影响只占 10%。不同品种间比较时，白色猪种会比其他有色品种的排卵数多。配种前 11～14d，高能量饲料进行催情补饲，平均每天每头比平时多喂 0.9kg，这样有助于母猪发情后排卵数的增加，继而影响产仔数，但是周围的环境温度过高会减少排卵数。利用外源性激素血清促性腺激素（PMSG）和人绒毛膜促性腺激素（HCG）注射给母猪，只能增排卵数但对产仔数没有影响。

2. 配种时间　猪在自然交配或人工授精后2～3h内开始受精。配种后3h内排出的卵子数为24%，5h内可达72%，卵子全部排出所需时间约为8h，配种后14h内可100%地完成受精。精子在母猪生殖道内保持受精能力的时间为25～30h。许多学者通过分析研究结果，建议最佳的自然交配或人工授精的时间是排卵前12～16h。根据猪场每日发情检测的次数不同，配种时间也有所不同：一天一次进行发情检测的情况，出现静立反射时要当日配种；一天两次进行发情检测的情况，出现静立反射时12～24h后配种。

冷冻精液技术的应用要谨慎，发情检测后确定排卵时间，精液的融化、精子活力等要经过确认后才能进行人工授精。另外，在一个发情周期内配种次数会影响母猪受胎率及产仔数，两次配种比一次配种受胎率高，平均能多产一头仔猪。

3. 受精　受精即妊娠的开始，最佳自然交配或人工授精时间的确定决定受精的效果，正常精子进入卵子形成受精卵，当发生受精卵分裂时就可以确定受精率达到90%～100%。受胎率指的是配种后21d前后没有出现返情的母猪的比率。

4. 精子在母猪生殖道中的输送　自然交配或人工授精的精液会通过母猪生殖道的子宫颈进入子宫，配种后15min开始出现在输卵管内。但是精子要穿过卵子透明带必须有精子获能的过程，而精子获能是在子宫液和输卵管内完成的。精子在母猪生殖道内完成精子获能过程需要2～3h。精子经过子宫颈后在子宫内的生存时间不会超过5h，但是在子宫—输卵管连接部或输卵管峡部的生存时间可延长至24～48h，子宫角内的白细胞会抑制精子在此存活超过30h以上，精子、卵子进行受精的部位主要是输卵管壶腹部—峡部的连接部，母猪生殖道通过这样的调节避免了过多精子进入输卵管形成多精入卵现象。

5. 母猪生殖道内卵子的输送　卵泡破裂排卵时，输卵管末端靠近卵巢侧的漏斗部内输卵管伞会充血扩张，将卵巢包围使卵子可以安全地进入输卵管。在一个发情周期内两侧卵巢排出的卵子数为16～25个（平均17个），所需时间2～6h。派出的卵子会在45min左右达到输卵管壶腹部—峡部连接处，在此停留8～12h，若没有受精也不会受胎。卵子的受精过程结束后，受精卵进入子宫，受精卵经过多次迅速的细胞分裂，每次卵裂都会产生新的细胞，四期细胞过程会在排卵后2d内完成。

第二节　后备母猪的饲养管理

进行后备母猪的饲养管理，是为了确保健康、合格的后备母猪顺利转入基础群，补充生产母猪，或替代淘汰母猪。饲养管理工作的目标是：确保膘情合理，使之正常发情、正常排卵，保证后备母猪使用前合格率达到90%。

后配母猪的选择分系谱选择和外形选择。系谱选择，一般选择双亲性能优良、胎产仔数多、哺育率高、断奶体重大而均匀、无遗传缺陷的种猪后代；外形选择，一般选择身体匀称，背腰平直，眼睛明亮有神，四肢有力，乳头排列整齐，有效乳头数在6对以上，阴门发育正常（不选择阴门小而下缘上翘的）的母猪。

到上一级原种场选择后备母猪，就要掌握引种管理的规范，引种进猪前空栏冲洗消毒，空栏消毒的时间至少要达到7d，消毒水选用烧碱、过氧乙酸等。进猪时要在出猪台对未下车的猪进行严格消毒，严禁应付式消毒，但冬天根据实际情况进行消毒；进猪后的当餐不喂料，也不能马上冲水，第二餐喂0.5kg料，第三餐可自由采食。刚引进的后备母猪要在饲料或饮水中添加一些抗应激药物，如多种维生素等，同时根据引入猪的健康状况，进行一些中草药（如鱼腥草、穿心莲等）或抗生素药物（如强力霉素、利高霉素、土霉素等）保健以提高后备母猪的抗病力、免疫力。视引入猪的生长情况有针对性地进行营养调节，生长缓慢、皮毛粗乱的可在后备母猪料中加入适当的营养性添加剂，如鱼肝油、多种维生素等。

经选择和引进处理后的后备母猪，就要执行后备母猪饲养管理。按进猪日龄和猪群免疫方案，分批次做好免疫计划、驱虫健胃计划和药物净化计划。6 月龄前自由采食，6～7 月龄适当限饲，控制在每头每天 1.8～2.2kg。在大栏饲养的后备母猪要经常性地进行大小、强弱分群，最好每周两次以上，以免产生残弱猪。冬季要对刚引入的猪进行特殊护理，做好防寒保温工作，保证其体能快速恢复，以防应激状态下各种疾病的发生。

后备母猪从小要加强调教管理。首先建立人与猪的和睦关系，从幼猪阶段开始，利用喂食之便进行触摸等亲和行为，严禁打骂母猪。其次是训练其良好的生活规律和习惯，有利于其生长发育。最后是对耳根、腹侧和乳房等敏感部位触摸训练，促进乳房的发育。

5～7 月龄时要做好发情记录，逐步划分发情区和非发情区，以便于及早地对不发情区的后备母猪进行特殊处理。6～7 月龄的发情猪，以周为单位，进行分批按发情日期归类管理，并根据膘情做好合理的限饲、优饲计划，配种前 10～14d 要安排喂催情料，比正常料量多 1/3。后备母猪配种的月龄须达到 7.5 月龄，体重要达到 110kg 以上，疫苗全部免疫完成，在第二或第三次发情时及时配种。

促进母猪发情的措施要到位，5.5～7 月龄时，每天放公猪诱情两次，上、下午各一次，每次 15min，确保公猪和每头母猪都有“头对头”的亲密接触。适当运动，最好保证每周两次或两次以上，每次运动 2h 左右，6 月龄以上的母猪在有人监护的情况下可以放公猪进行追逐。做好夏天的防暑降温工作，夏天通风不良，气温过高对后备母猪的发情影响较大，会造成延迟发情甚至不发情。

疾病防治与保健工作及时跟进，控制后备母猪生殖道炎症的发生率措施要落实到位，及时清理猪粪，搞好猪舍卫生，定期严格消毒；第二次发情前如出现较严重的子宫感染，可加利高霉素一次，配种前必须再加一次，剂量每头每天 2g，连用 4～7d。

勤观察猪群，喂料时看采食情况，清粪时看猪粪色泽，休息时看呼吸情况，运动时看肢蹄情况等。有病要及时治疗，无治疗价值的要及时淘汰。针对呼吸道病的控制，除了全群投药预防外，还要注重个体标记进行注射治疗，注意疗程与剂量（呼吸道病注意长短咳之分，长咳最好结合使用长效抗菌剂）。确实保证各种疫苗的接种质量。

不发情的母猪要及时处理，对于达到 6 月龄还不发情的后备母猪，采用以下方法可以刺激母猪发情。

（1）适当运动与饥饿。将不发情母猪转到运动场并断料 24～48h，再用成年公猪试情。

（2）饲喂青饲料。

（3）公猪追逐。每天放公猪进栏追逐 10min。

（4）发情母猪刺激。令不发情的母猪与已发情母猪合群、爬跨。

（5）调圈。在陌生环境中与其他陌生母猪混群，注意防止打架。

（6）车辆运输。将不发情后备母猪用车高速运输，可提高发情率。

（7）死精处理。

（8）使用催情散催情。

（9）当上述方法综合使用后仍不发情的母猪用 PG600 或已烯雌酚等激素按说明书处理 1～2 次。

（10）如遇后备母猪由于腿肿、腿瘸或其他疾病引起疼痛而抑制发情，应及时治疗。

后备母猪的淘汰与更新遵循一定规则，达 270 日龄后，一直不发情的后备母猪一律淘汰。对患有气喘病、胃肠炎、肢蹄病的后备母猪，应隔离单独饲养在一栏内；此栏应位于猪舍的最后。观察治疗一个疗程仍未见有好转的，应及时淘汰。

按计划及时补充后备母猪。

$$年提供后备母猪数=\frac{基础母猪数\times淘汰更新率}{90\%}$$

第三节　配种前母猪的管理

配种前的母猪包括后备母猪、断奶母猪、返情母猪 3 类，管理的目的是为了及时发情、受精、受孕。

对后备母猪配种前要进行优饲：母猪 6 月龄以前自由采食，7 月龄开始适当限饲，喂料量控制在每头每天 1.8～2kg，配种前半个月优饲，优饲比正常料量多 1/3，配种后料量减到每头每天 1.6～1.8kg。

断奶母猪的饲养管理方面，膘情至关重要，要做好哺乳后期的饲养管理，使其断奶时保持较好的膘情。哺乳后期不要过多削减母猪喂料量；抓好仔猪补饲、哺乳工作，减少母猪哺乳的营养消耗；适当提前断奶。

母猪断奶后一般在 1 周左右开始发情，此时注意做好母猪的发情鉴定和公猪的试情工作。母猪发情稳定后才可配种，不要强配。断奶母猪喂哺乳料，每天喂两餐。断奶当天不喂料，第二天喂 2.5～3kg，第三天起自由采食。有运动场的猪场，断奶当天放入运动场，同时放入一头精检不合格或无精子的公猪追逐 2～4h。也可通过按摩乳房促进发情。方法是每天早晨喂食后用手掌对每个乳房进行表层按摩。有发情征兆后，每天进行表层和深层按摩，配种当天也进行深层按摩。

针对返情母猪，注重查找原因，帮助及时返情，如果是精液和外在原因，及时排除。有计划地淘汰 7 胎以上或生产性能低下的母猪。确定淘汰猪最好在母猪断奶时进行。对于返情的空怀母猪饲养管理参照断奶母猪的饲养管理；但对长期病弱，或两个发情期没有配上的，应及时淘汰。配种后 21d 左右用公猪对母猪做返情检查，以后每月做一次妊娠诊断。妊检空怀猪放观察区及时复配。空怀母猪喂哺乳料，每头每天 2～3kg，每天喂两次，过肥过瘦的要调整喂料量，膘情恢复正常再配。

超期空怀、不发情母猪的饲养管理与空怀母猪相同，在管理上采取综合措施。对体况健康、正常的不发情母猪，可选用激素治疗，超期 1 个月不发情的母猪应及时淘汰。

第四节　母猪配种

从 2000 年开始，我国的规模养猪场逐步开始采用人工授精进行配种，管理上规范配种操作，保证了母猪的受胎率及产仔数。

对于规模猪场的工作目标，需要按计划完成每周配种任务，保证全年均衡生产。主要生产指标有：配种分娩率在 85%以上，胎平均产活仔数在 10 头以上，后备母猪合格率在 90%以上（转入基础群为准）。保证母猪群合理的胎龄结构，一般的商品猪场和种猪繁殖场：一胎母猪占 20%，二胎占 18%，三胎占 17%，四胎占 16%，五胎占 14%，六胎占 10%，七胎以上占 5%；原种猪场：一至二胎占 40%左右，三至六胎占 60%以上。商品猪场母猪年更新率（淘汰率）30%～35%，第一、二年年母猪更新率 15%～20%；繁殖猪场年更新率 35%～40%；原种猪场年更新率 40%～45%。

操作上分有顺序的几个步骤：

一、发情鉴定

发情鉴定最佳方法是当母猪喂料后半小时表现安静时进行，每天进行两次发情鉴定，上、下午各一次，检查采用人工查情与公猪试情相结合的方法。配种员所有工作时间的 1/3 应放在母猪发情鉴定上。母猪的发情表现如表 4 - 1 所示。

表 4 - 1　母猪发情表现

时　期	征　兆
发情前兆	阴门红肿，阴道内流出水状稀薄黏液； 咬栏、神经质和烦躁； 爬跨其他母猪，或被爬跨但站不稳； 发生呼噜声、哼哼声，尖叫； 食欲减少

（续）

时　期	征　兆
发情征兆（适宜配种）	阴门红肿减退，黏液量大浓稠并呈拉丝状（表明将要排卵）； 目光呆滞，弓背，震颤； 接受人压背或公猪爬跨呈静立反应； 发出特有的呼噜声； 食欲减少

也有发情不明显的，发情检查最有效的方法是每天用试情公猪对待配母猪进行试情。

二、配种

配种的程序如下：

1. 配种顺序　先配断奶母猪和返情母猪，然后根据满负荷配种需求有选择地配后备母猪。

2. 配种方式　实行全人工授精。

3. 配种次数　经产母猪、后备母猪和返情母猪需配 2～3 次。

4. 配种间隔（表 4－2、表 4－3）

表 4－2　经产母猪配种建议

发情时间	第一次配种	第二次配种	第三次配种
上午“静立”	下午	次日上午	次日下午
下午“静立”	次日上午	第三日上午	第三日下午

注：断奶后≥7d 发情的母猪及空怀、复发情的母猪，发情即配。

表 4－3　初产母猪配种建议

发情时间	第一次配种	第二次配种	第三次配种
上午“静立” 下午“静立”	下午	次日上午	次日下午

注：超期发情（≥8.5 月龄）或激素处理的母猪，发情即配。

5. 配种效果较差的处理　如果第一、二次配种状态较差，可以增加一次配种。

具体操作方法：由于老母猪发情期短、青年母猪略长，参照“老配早，少配晚，不老不少配中间”的原则，胎次较高的母猪发情后，第一次适当早配；胎次较低的母猪发情后，第一次适当晚配。高温季节宜在8:00前17:00后进行配种。最好饲前空腹配种。做好发情检查及配种记录：发现发情猪，及时登记耳号、栏号及发情时间。上午发现，下午首配；下午发现，次日早首配。连配2～3次后，做好“配种情况周报表”记录，配种记录每周上报一次。

三、人工授精操作技术规程

猪的人工授精是指用器械采集公猪的精液，经过检查、处理和保存，再用器械将精液输入到发情母猪的生殖道内以代替自然交配的一种配种方法。输精前必须检查精子活力，低于0.6的精液坚决倒掉。

车间的具体操作程序为：

（1）准备好输精栏、0.1%高锰酸钾消毒水、清水、抹布、精液、剪刀、针头、干燥清洁毛巾等。

（2）先用消毒水清洁母猪外阴周围、尾根，再用温和清水洗去消毒水，抹干外阴。

（3）将试情公猪赶至待配母猪栏前（注：发情鉴定后，公、母猪不再见面，直至输精），使母猪在输精时与公猪有口鼻接触，输完几头母猪更换一头公猪以提高公、母猪的兴奋度。

（4）从密封袋中取出无污染的一次性输精管（手不准触其前2/3部），在前端涂上对精子无毒的润滑液或公猪精液。

（5）配种员先用左手将母猪阴唇分开，右手将输精管斜向上45°角插入母猪的生殖道内，轻轻旋转前进，当感觉到有阻力时再稍用一点力，直到感觉其前端被子宫颈锁定为止（轻轻回拉不动）。

（6）从储存箱中取出精液，确认标签正确。

(7) 小心混匀精液，剪去瓶嘴，将精液瓶接上输精管，开始输精。

(8) 轻压输精瓶，确认精液能流出，反复轻压输精瓶几次排出输精管内的空气，以防空气进入子宫内，使精液不能充分进入子宫，造成倒流。按摩母猪乳房、外阴或压背，使子宫产生负压将精液吸纳。

(9) 通过调节输精瓶的高低来控制输精时间，一般3～5min输完，最快不要少于3min，防止吸得快，倒流得也快。

(10) 输完后在防止空气进入母猪生殖道的情况下，将输精管后端折起塞入输精瓶中，让其留在生殖道内，慢慢滑落。于下班前收集好输精管，冲洗输精栏。

(11) 输完一头母猪后，立即登记配种记录，如实评分。

(12) 补充说明。

①精液从17℃冰箱取出后不需要升温，直接用于输精。

②输精管的选择：经产母猪用海绵头输精管，后备母猪用尖头输精管，输精前需检查海绵头是否松动。

③两次输精之间的时间间隔为8～12h。

④输精过程中出现排尿情况要及时更换一条输精管，排粪后不准再向生殖道内推进输精管。

⑤3次输精后12h仍出现稳定发情的个别母猪可进行多一次人工授精。

四、输精操作的跟踪分析

输精评分的目的在于如实记录输精时的具体情况，便于以后在返情失配或产仔少时查找原因，制订相应的对策，在以后的工作中做出改进。输精评分分为3个方面3个等级。

1. 站立发情 1分（差），2分（一些移动），3分（几乎没有移动）。

2. 锁住程度 1分（没有锁住），2分（松散锁住），3分（持续牢固紧锁）。

3. 倒流程度 1分（严重倒流），2分（一些倒流），3分（几乎没有倒流）。

评分报表：

与配母猪	日期	首配精液	首配评分	二配精液	二配评分	三配精液	三配评分	输精员	备注

为了使输精评分可以比较，所有输精员应按照相同的标准进行评分，且单个输精员应做完一头母猪的全部几次输精，实事求是地填报评分。

具体评分方法：比如一头母猪站立反射明显，几乎没有移动，持续牢固紧锁，一些倒流，则此次配种的输精评分为332，不需要求和。

五、母猪妊娠期和预产期的推算

母猪的妊娠期平均为114d（范围为111～117d）。预产期的推算方法有两种：一是“三、三、三”法，即由配种日期算起，往后加3个月3周再加3d（说明：月份按30d计算，大月的需要减1d）。如5月8日配种，加3个月是8月，再加3周和3d即为9月2日（8＋21＋3＝32）。二是在配种日期的基础上“月加4，日减6”。同样是5月8日配种，预产期为5＋4＝9（月），8－6＝2（日），也是9月2日。生产上为了推算的准确，应在上述推算的基础上加或减妊娠期间的大或小月的多出或不够的天数。如上面的例子中，5月、7月、8月都是31d，在原结果上再减3d，所以预产期应为8月30日。准确地推算预产期一方面可以根据母猪的妊娠不同时期给予相应的饲养管理；另一方面，可以把即将分娩的母猪及时转到产房，保证生产秩序的正常进行。

六、种猪配种情况日报表

××公司配种记录

日期	母猪耳号	电子耳标	时间	公猪耳号	公猪耳号	公猪耳号	配种员	预产期	配种数	返情	上次配种时间

第五节　妊娠母猪的饲养管理

进行妊娠母猪的饲养管理，是为了确保妊娠母猪膘情合理，胚胎（胎儿）发育正常。包括妊娠母猪的转入、定位、妊娠前期管理、妊娠后期管理、妊娠母猪的转出等。

一、妊娠母猪的转入

母猪完成配种后，根据配种时间的先后按周次在妊娠定位栏排列好。母猪转入后，每天按以下几项检查一遍猪群，看有无异常情况发生。

1. 病猪检查　有病猪则应先治疗后再喂料。

2. 流产猪检查　有流产猪立即检测母猪体温及流产胎儿，分析原因，及时隔离治疗，如发现是传染性疾病，应立即检查其他妊娠母猪并进行全群免疫。

3. 死猪检查　有死猪要及时拉走，消毒原栏，填写“种猪死淘报表”。

检查完猪群后开始喂料，选用怀孕料，分阶段按标准饲喂。喂料前先将料槽内的水放干或扫干，每次投料要快、准，以减少应激。根据母猪的膘情调整投料量，喂料后要给每头猪足够的时间吃料，不要过早放水进食槽，以免造成浪费。对躺着不起来吃料的，应及时拍起吃料，发现有不吃料的母猪，及时做好记号，检查体温并治疗，每日跟踪观察，若发现为传染病应及时上报，将该料槽内的饲料分给相邻的母猪，避免浪费。定期检查饲料箱的刻度与实际投料量是否一致，及时做出调整，以免饲喂量的增减造成母猪的膘情不稳定。定期检查整个料线是否运转正常，发现问题及时处理。不喂发霉变质饲料，防止中毒。

对妊娠母猪的膘情要定期进行评估，妊娠期分四阶段进行饲喂和管理，产前一周开始喂哺乳料，并适当减料。初产母猪的饲喂量要比经产母猪稍高。保证上床母猪背膘厚度达到 18～23mm。

饲喂标准和膘情鉴定表如表 4-4、表 4-5 所示。

表 4-4　妊娠母猪的饲喂标准

生理阶段	饲料名称	饲喂方式	每天投喂次数	每头每天饲喂量（kg）	备注
妊娠 1～7d	怀孕料	限制采食	2	1.6～1.8	冬季可适量多喂，体况差的可以多喂
妊娠 8～21d	怀孕料	限制采食	2	1.8～2.2	
妊娠 22～95d	怀孕料	限制采食	2	2.0～2.5	
妊娠 96～107d	哺乳料	限制采食	2	2.8～3.5	
妊娠 107d 至分娩前	哺乳料	自由采食	2	3.0 以上	

表 4-5　妊娠母猪的膘情鉴定

分　级	表　　现
瘦弱级	脊柱、腰角、肋骨非常明显，脊椎历历可数
十分瘦级	尖脊、削肩，不用压力便可辨脊柱，膘薄，大腿少肌肉
稍瘦级	脊柱尖，稍有背膘（配种最低条件）
标准级	身体稍圆，肩膀发达有力（配种理想条件）
稍肥级	平背圆膘，胸肉饱满，肋部丰厚（分娩前理想状态）
肥胖级	太肥，体型横，背膘厚

及时清理定位栏内的猪粪，避免母猪吃饱料后卧下难以清理。及时进行带猪消毒。做好配种后 18～23d 和 37～45d 的复发情检查工作。每月做一次妊娠诊断。在正常情况下，配种后 21d 左右不再

发情的母猪即可确定妊娠。其表现为：贪睡、食欲旺、易上膘、皮毛光、性温驯、行动稳、阴门下裂缝向上缩成一条线等。也可用超声波探测仪进行进一步检测。

发现有返情立即复配。根据返情的日期分析返情原因，及时改进自身技术或对母猪进行及时治疗。可比对以下母猪返情原因查找原因。

①配种后3～18d内返情的，可考虑卵巢囊肿、子宫感染、饲料霉变。

②配种后20d内（18～19d）返情的，说明配迟了。

③配种后21～23d内返情的，说明配种失败。

④配种后22d以后（23～24d）返情的，说明配早了。

⑤配种后25～38d内返情的，说明母猪受孕但不能受胎，可考虑应激、饲料、精子和卵子的活力、子宫内的感染。

⑥配种后39～45d内返情的，说明错过了一个发情期。

⑦配种45d以后返情的，说明母猪受孕但不能受胎，可考虑应激、饲料、疫病等原因二次流产。

为减少应激，防流保胎，夏天要预防中暑（增加通风，及时打开水帘），防止机械性流产，防止蚊蝇叮咬（可每3d喂一次维生素B_1，喂量30～40mg）。做好各种疫苗的免疫接种工作，预防烈性传染病的发生。做好“怀孕母猪免疫清单”记录工作。

二、妊娠母猪的转出

妊娠母猪临产前1周转入产房，转猪前要冲洗消毒，注意到腿的下方和腹部等卫生死角，同时驱除体内外寄生虫。妊娠母猪转出后，原栏舍要彻底清洗消毒，等待下一批妊娠母猪的转入。

三、兽用B超对母猪的探查方法

1. 具体的探查体位　见图4-2。

2. 探查方法

（1）保定。在限位栏中对母猪进行检测较为方便，姿势侧卧，

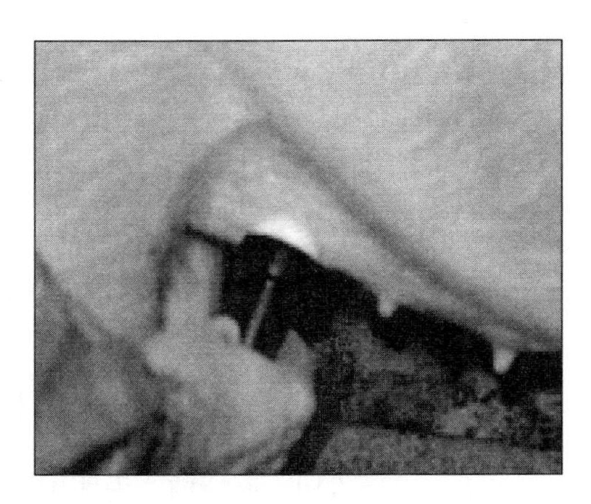

图 4-2　兽用B超探查母猪体位

安静站立最好，趴卧，或采食均可。

（2）探查部位。体外探查一般在下腹部左右、后肋部前的乳房上部，从最后一对乳腺的后上方开始，随妊娠增进，探查部位逐渐前移，最后可达肋骨后端。猪被毛稀少，探查时不必剪毛，但需要保持探查部位的清洁，以免影响B超图像的清晰度，体表探查时，探头与猪皮肤接触处必须涂满耦合剂。如是直肠检查则无需耦合剂。

（3）探查方法。体外探查时探头紧贴腹壁，妊娠早期检查，探头朝向耻骨前缘、骨盆腔入口方向，或成45°角斜向对侧上方，探头贴紧皮肤，进行前后和上下的定点扇形扫查，动作要慢。妊娠早期胚胎很小，要细心慢扫才能探到，切勿在皮肤上滑动探头，快速扫描（探查的手法可根据实际情况灵活运用，以能探查到子宫里面情况为准，当猪膀胱充尿胀大，挡住子宫，造成无法扫到子宫或只能探查到部分子宫时应等猪排完尿以后再进行探查）。

四、备注

1. B超对母猪进行妊娠检查　新手建议在母猪配种25d后开始检测，因为此时母猪如果怀孕，孕囊已经很明显，能很明显地在B

超屏幕上显示出黑色圆形的孕囊，随着技术的不断熟练，可以将第一次的检测时间逐渐往前推移，但最早不应超过配种 18d 前检测，建议熟练后第一次检测时间可定在配种后 21d。

2. 测孕最严谨的做法是必须两次检测　这样可以将准确率达到 100%，一般的情况是在配种后 21～25d 进行第一次测孕，在配种后 35～45d 进行复测，这样做的目的是因为在猪的妊娠早期（配种约 20d）容易出现隐性流产的问题，在 20d 左右的时候测出母猪已经怀孕，为什么到最后却不产仔的，就可能是母猪隐性流产了；孕囊被子宫吸收，也不表现出流产的症状，所以必须进行 40d 左右的第二次测孕，以提高其准确率，母猪在配种 40d 以后，如果流产会有流产的症状，这些都能及时地观察到，此时如果 B 超检测已经怀孕，就可以断定母猪已经怀孕。

3. 测孕的最佳时间段　配种后 25～30d，因为此时孕囊最明显且呈现规则的圆形黑洞，最易判断。越往后随着孕囊的发育，孕囊会变得不规则，反而不如前期好判断，但是和空怀的图像相对比还是能明显地发现其不同之处。当母猪妊娠天数达到 70d 以后，小猪骨骼钙化，此时在 B 超图像上显示的为一条间断的形式虚线的弧线，此为小猪的脊椎骨，此时应以此为准判断母猪是否怀孕。

4. 图像特点　母猪怀孕各时期的图像各有特点，但总结出来就只有 3 个典型时期的典型图像。

（1）空怀图像。此时仪器检测到的子宫情况为一片灰白色，没有任何内容物，如图 4-3 表示。

（2）怀孕前期图像（怀孕 21～65d）。21～65d 母猪妊娠为孕囊期，看见的怀孕图像均为孕囊，孕囊在 B 超上显示为黑色圆形黑洞，如图 4-4 所示。

（3）怀孕后期图像（怀孕 70d 以后）。此时小猪骨骼已经钙化，羊水被吸收，不再有黑色的孕囊，而表现为一条弧形似虚线的小猪脊椎骨。此时不易判断，但是和空怀图像对比还是有很大的区别的，如图 4-5 所示。

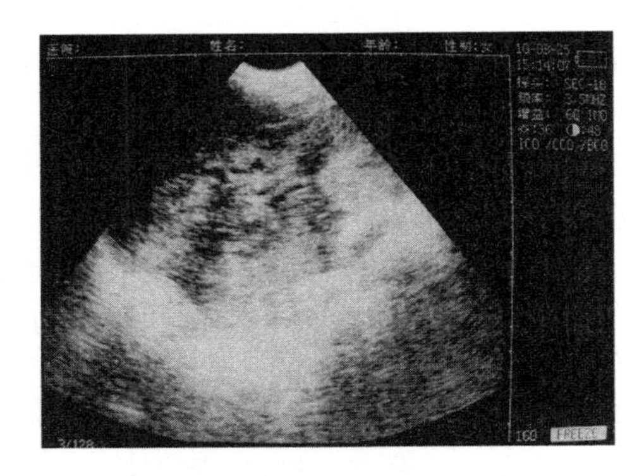

图 4－3　B超显示的母猪空怀图像

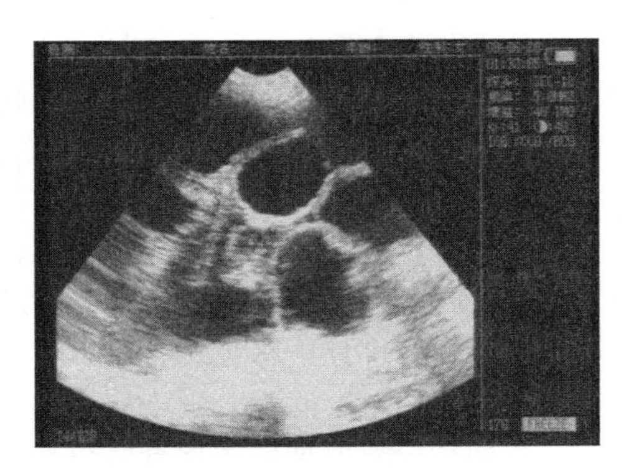

图 4－4　B超显示的母猪怀孕前期图像

（4）其他情况。另外的一种情况，当母猪子宫全部被憋尿的膀胱挡住时，不应进行怀孕检测，而应等母猪排完尿以后检测，因为子宫已被膀胱挡住，看不见子宫里面的情况，此时最容易出现误判，子宫被膀胱挡住的图像如图 4－6 所示（膀胱为一大片的黑色暗区）。

（5）孕囊与膀胱的区分。孕囊和膀胱同为黑色的暗区。区分方法为：膀胱为大面积的黑色暗区，且整个屏幕就一个；孕囊为圆形的不大的黑色暗区，一般形状比较规则，为圆形或接近圆形，孕囊通常在画面上能显示很多个。

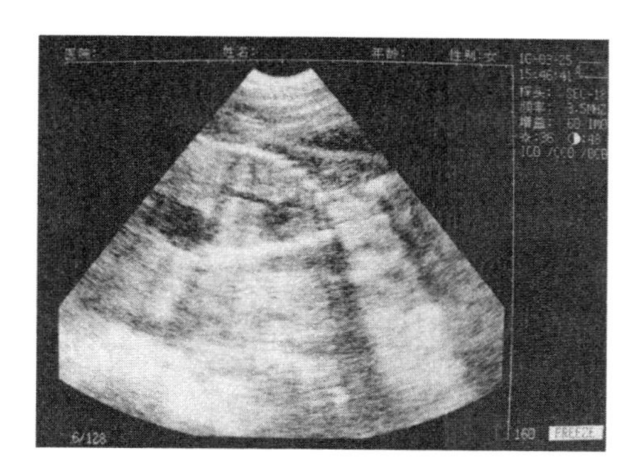

图 4-5　B超显示的母猪怀孕后期图像

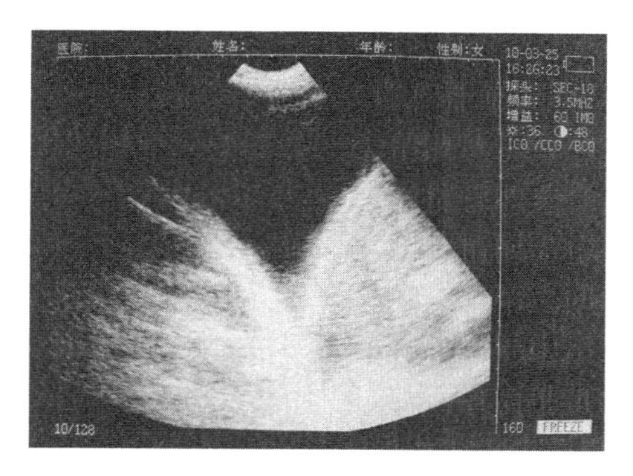

图 4-6　B超显示的母猪子宫被膀胱挡住的图像

第六节　分娩母猪的管理

进行分娩母猪的饲养管理，也就是产房管理，是为了确保产房工作目标的落实及仔猪的健康。规模养猪场一般要求断奶后母猪7d内发情率80%以上，哺乳期商品猪活仔成活率93%以上。仔猪3周龄平均体重要求不小于6.0kg，4周龄断奶平均体重不小于7.5kg。

分娩母猪的管理，是个细心的工作，需要耐心和责任，几个步骤必须连续及时，不能耽误和延迟。

一、产前准备

1. 栏舍 断奶后未用完的饲料转至其他单元使用，清除杂物，药品、用具等移至舍外，检修产房设备。产房空置后消毒程序：清扫→用高压水立体彻底冲洗干净→干燥→用两倍常规消毒浓度的消毒液喷洒消毒舍内设施→干燥→火焰消毒→用10%生石灰乳喷刷一次→干燥→关闭门窗用高锰酸钾与福尔马林按1∶2比例混合熏蒸消毒→进猪前一天打开所有门窗通风。

2. 消毒 转猪前由配怀妊娠舍进行冲洗消毒，注意到腿的下方和腹部等卫生死角，同时驱除体内外寄生虫。妊娠母猪转出经消毒驱虫通道时，注意观察母猪乳房、外阴等处的发育情况，如果发现不像临产母猪的特征，注意与配怀核对，避免不到预产期上床或空怀母猪上床。

3. 温湿度 产房温度最好控制在25℃左右，湿度65%～75%。

4. 药品 5%碘酊、高锰酸钾、消毒水、抗生素、催产素、解热镇痛药等。

5. 用具 保温灯、饲料车、扫帚、水盆、水桶等清洗消毒后放入舍内备用，准备好消毒过的干燥麻袋、毛巾、垫板、灯头线、小台秤及称猪筐、油性笔等。

6. 母猪 临产前5～7d上产床，转至产房按预产期先后依次排列，产前用0.1%高锰酸钾消毒水或其他消毒水清洗母猪的外阴、乳房及腿臀部位。临床前1d肌内注射2mL氯前列烯醇，诱导分娩。

二、判断分娩

1. 预产期 根据“种猪档案卡”上的预产期，分娩前几天经常观察母猪的征兆。

2. 外表 母猪通常在产前24h开始出现起卧不安、经常翻身改变躺卧姿势、呼吸加快等现象，同时阴门红肿，频频排尿。

哺乳期内注意环境安静、圈舍清洁（粪便及时清理）、干燥，做到冬暖夏凉。尽可能减少冲洗次数和冲洗用水量，降低室内湿度；注意门窗的开、关，采用适当的通风措施。随时观察母猪采食量和泌乳量的变化，以便针对具体情况采取相应措施。

仔猪吃过初乳后根据情况适当寄养调整（如母猪产仔过多、泌乳差），尽量使仔猪数与母猪的有效乳头数相等，防止未使用的乳头萎缩，而影响下一胎的泌乳性能。寄养时，仔猪间日龄相差不超过 3d，把大的仔猪寄出去，寄出时用寄母的乳汁擦抹待寄仔猪的全身。将所有出现营养不良（但无病）的仔猪，寄养给刚断奶而产奶还旺盛的母猪，并适量灌服葡萄糖。

喂料时若母猪不愿站立吃料，应赶起。若仍然不吃，诊断原因对症下药。每天治疗、保健、饲喂时注意有无仔猪被压，及时拉出。因产后感冒引起的不食，可以每天肌内注射 2 次氨基比林 10mL×2 支，青霉素 400 万 IU×1 支；因产后衰竭引起的不食，可以每天静注 25%～50%葡萄糖 100～200mL，5%维生素 C 10～20mL，也可肌内注射 2.5%维生素 B_1 10～20mL；因产后瘫痪引起的不食，可静注 10%葡萄糖酸钙 100～150mL；因产后患阴道炎、子宫炎、尿道炎等引起的不食，可用青霉素 400 万IU×1 支，链霉素 100 万 IU×2 支，生理盐水稀释后肌内注射，每天两次。

产后肌内注射青霉素、链霉素，产后第一天，每头母猪肌内注射 20mL 母病克，防止产后出现子宫内膜炎、乳房炎、阴道炎、产后热等。产后第二天，每头母猪肌内注射 15mL 长效米先（土霉素）。若产前母猪未注射氯前列烯醇，断奶后母猪注射 2mL，以促进母猪断奶后发情。

根据哺乳成绩、体况和年龄对每批断奶母猪进行淘汰鉴定，淘汰母猪执行《种猪淘汰更新标准》（企业标准）。断奶后未转出，1 周内用教槽料和断奶料混用。断奶前 2d 注意限料，以防消化不良引起下痢。在哺乳期因失重过多而瘦弱的母猪要适当提前断奶。填写“分娩日报表”。

第五章　种公猪管理

第一节　公猪的繁殖生理学

一、公猪的生殖器官

公猪的生殖器官解剖结构如图 5－1 所示，由睾丸、输精管、精囊腺、前列腺、尿道球腺及阴茎等组成。

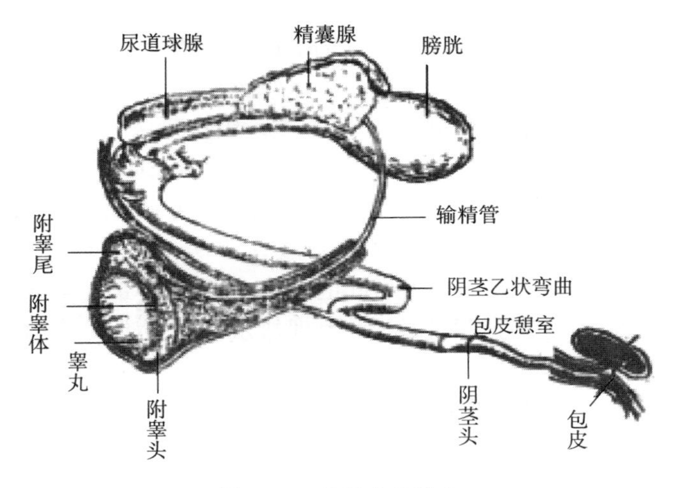

图 5－1　公猪生殖器官

1. 睾丸　睾丸包存于阴囊内左右各一个，位于肛门下方体腔外部。睾丸表面有一层坚厚的纤维膜——白膜，沿睾丸后缘白膜增厚凸入睾丸内部形成睾丸纵隔，纵隔将睾丸实质分成许多睾丸小叶，睾丸小叶内含有数千个盘曲的精细小管，可以生产精子及雄性荷尔蒙，如可以产生睾丸激素的间质细胞也分布于精细小管壁上。阴囊的主要作用就是调节温度，即保证睾丸温度维持在体温以下。隐睾指的就是两侧的睾丸没有进入阴囊内，同时因两侧睾丸没有下降到阴囊内，体温偏高造成精子死亡，故患隐睾的公猪有性欲没有生殖能力。成熟的公猪一侧睾丸包括附睾长度可达 13cm，宽为 7cm，重量 250～300g。附睾的重量约为睾丸重量的 30%。

睾丸是由间质细胞与精细管组成的。间质细胞可以合成分泌雄性激素——睾酮，精子的发生是在精细管内由精原细胞经精母细胞发育成成熟的精子细胞的变化过程。睾酮的产生需要促黄体生成素及部分促卵泡激素的共同调控。促性腺激素释放激素可协助睾酮促进精子的形成。睾酮是精子形成的各阶段中必需激素之一，同时在精子成熟阶段促卵泡激素也是必不可少的。

睾丸的大部分弯曲精细管在小叶间端形成很短小的直精细管，穿入纵隔结缔组织内形成弯曲的导管网——睾丸网，从睾丸网发出 10～12 条睾丸输出小管，出睾丸后缘的上部进入附睾。附睾管弯曲盘伸平均长度可达 63cm。

2. 输精管　输精管是从附睾尾部开始，经附睾内侧沿睾丸后缘上行，穿过腹股沟外环，通过腹股沟管内环构成精索的一部分，最终止于射精管。成熟公猪的输精管长度可达 12～30cm，外部直径约为 2mm。

3. 精囊腺　附性腺中最大的腺体，位于尿道盆骨两侧，呈锥形或葡萄串形状的囊状腺体覆盖于部分前列腺表面。成熟公猪阴囊腺长度可达 13cm，宽 7cm，厚度 5cm。精囊腺分泌灰乳白色、不透明的黏稠液体，该液体呈弱酸性（pH 5.7～6.7），并含有高浓度蛋白质、钾、柠檬酸、果糖及酶类，对精子活力起到保护作用。精囊腺所分泌的液体占精液总量的 15%～20%。

4. 前列腺　前列腺位于膀胱和尿道连接部，上面附有黄白色腺体。成熟公猪前列腺长 3cm，宽 3cm，厚度 1cm，重量 15～25g，大小约为精囊腺的 1/3，前列腺所分泌物为乳白色稀薄黏稠液体，呈微碱性（pH 7.5～8.2），是精液的主要组成成分，有保护精子、增强精子活力及润滑尿道等作用。前列腺随着年龄增长会出现退化萎缩或由于腺内结缔组织增生（呈石灰样沉着）造成前列腺肥大的症状。

5. 尿道球腺 尿道球腺是位于尿生殖道骨盆末端 2/3 处并列的 1 对白色圆柱形腺体。多数隆起且附着于会阴深横肌肉上。尿道球腺长 17cm，宽 3cm，厚度 3cm。尿道球腺主要功能是分泌白色或灰白色呈半透明的一种蛋白黏液，也是精液的组成部分，占全部精液的 10%～25%。交配时尿道球腺分泌该液体以清洁和润滑龟头而保护精子，在射精时尿道球腺所分泌物质会在雌性动物生殖道口凝固集聚形成阴道栓塞，即精液的前体精浆，可与精清明显区分开来。

6. 阴茎 阴茎是精液射出和尿液排出体外的器官，同时也是公猪的交配器官。成熟公猪阴茎长 50～75cm，勃起时直径约为 2cm，猪的龟头呈螺旋状，并有一浅的螺旋沟，勃起时在阴囊前形成 S 状弯曲，伸展后通过阴茎包皮可露出体外。阴茎包皮如口袋状包裹阴茎末端并形成包皮腔，猪的包皮腔较长，包皮口上方形成鸡蛋大小包皮憩室，在此脱落的上皮及残留的尿液混合腐败后可产生异味、臭味。

二、公猪性成熟

公猪性成熟指的是公猪发育到一定年龄有性行为进而达到性成熟，若和母猪交配可使其受孕。公猪性成熟的过程是以渐进的方式进行的，精子的产生和性欲高涨会在生后 120 日龄以后同时出现，达到性成熟时可以与母猪交配，但是这时公猪正处于发育阶段，射精所射出的精液量、精子数都不是很高，不成熟或畸形精子的比率都很高，所以公猪的交配日龄会选择在 180～240 日龄以后。一般来讲，公猪出生 8 月龄后、体重在 120～130kg 时可作生殖用途，日龄不超过 1 年的公猪要限制其被使用的次数。公猪的性成熟也受品种、遗传、营养状态、健康状况、饲养管理条件及气候等条件的影响。

第二节　种公猪饲养管理

对种公猪进行饲养管理，主要是满足种公猪需要的环境条件，提供所需的营养，使公猪达到优秀种公猪的标准，确保自然交配或是人工取精的精液品质，能够及时配种。

优秀种公猪的标准大致有6个方面：一是具有符合品种要求的外貌特征；二是健康状况良好，四肢健壮，行走灵活自然；三是睾丸大而饱满、匀称；四是至少有12个发育良好、排列均匀的乳头；五是性欲旺盛，并愿意和人接触；六是具有明显的双肌臀特征。

后备公猪的选择有系谱选择和外形选择，系谱选择是从系谱记录上要选择无隐睾、阴囊疝、脐疝等遗传缺陷的种猪后代，出生体重在同一窝中较大的、生长速度较快的优秀个体。外形选择是选择四肢粗壮、结实，睾丸对称饱满，体型健壮、腮肉少、臀部丰满、包皮较小的个体。

后备公猪从种猪场引入后，首先要经过隔离、防疫、驱虫等过程并确定无病时，方可转入本场饲养。按进猪日龄和《猪场免疫方案》，做好免疫计划、驱虫健胃计划等。做好“人畜亲善”，不管是在驱赶过程中或配种过程中均不允许粗暴地对待公猪。

公猪选用公猪料，每天喂两次，6月龄以前每头每天喂2.0～2.5kg，6～8月龄每头每天喂2.0～2.5kg，8月龄以上每头每天喂2.4～2.8kg，根据其膘情予以酌情增减。每餐不要喂得过饱，以免猪饱食贪睡，不愿运动造成过肥。舍内外消毒要及时。公猪的更新、淘汰，执行《种猪淘汰更新标准》（企业标准）的有关规定。

公猪要求单栏饲养，合理的运动可促进食欲，帮助消化，增强体质，防止过肥，提高性欲和繁殖机能。一般每天上、下午各运动一次，每次约30min。夏天选择早晚凉爽时放运动场逍遥运动，冬季应在中午运动。如遇酷热或严寒、刮风下雨等恶劣天气应停止运动。

后备公猪达7.5月龄，体重达130kg，膘情良好即可开始调教。配种调教要在早、晚空腹时进行，每次调教时间限于15～20min，将后备公猪放在采精能力较强的老公猪隔离栏观摩、学习爬跨方法。为防止交配时滑倒损伤肢蹄，地面应保持平坦、干燥、不光滑并使用防滑垫。工作时保持与公猪的距离，不要背对公猪，用公猪试情时，需要将正在爬跨的公猪从母猪背上拉下来，这时要小心，不要推其肩、头部以防遭受攻击。严禁粗暴对待公猪，在驱赶公猪时，最好使用赶猪板。

夏天防止公猪热应激，做好防暑降温工作，天气炎热时应选择在早晚较凉爽时配种，并适当减少使用次数。冬天做好防寒保温工作。防止公猪体温的异常升高，如高温环境、严寒、患病、打斗、剧烈运动等均可能导致体温升高，即使短时间的体温升高，也可能导致长时间的不育，因为从精原细胞发育至成熟精子约需 40d。

每天定时用刷子刷拭猪体，热天结合淋浴冲洗，可保持公猪皮肤清洁卫生，促进血液循环，少患皮肤病和外寄生虫病。经常刷拭、洗澡的公猪，性情温顺，活泼健壮，性欲旺盛。

性欲低下的可肌内注射丙酸睾丸素 100mg/d，隔天 1 次，连续 3～5 次，情况严重的淘汰。注意保护公猪的肢蹄。公猪的采精工作，执行《精液生产、储存、运输作业准则》。每天填写“公猪站生产情况日报表”。

第三节　精液采集

2000 年以后，国内多数猪场，逐步熟悉和掌握猪人工授精技术，精液采集技术对现代猪场变得越来越重要，公猪要进行调教，采精方法要进行规范，以确保采集到的精液满足规定要求。

一、调教

采精公猪的调教是整个工作的前提，后备公猪一般在 7.5～8 月龄开始采精调教。先调教性欲旺盛的公猪，下一头隔栏观察、学习。诱发爬跨，用发情母猪的尿或阴道分泌物涂在假母猪上，同时模仿母猪叫声，也可以用其他公猪的尿或口水涂在假母猪上，目的都是诱发公猪的爬跨欲。上述方法都不奏效时，可赶来一头发情旺盛的母猪，让公猪空爬几次，在公猪性欲旺盛时赶走发情母猪，再引诱公猪爬跨假母猪，或直接将公猪由母猪身上搬到假母猪台上采精，此时采精员应注意自己的安全。公猪爬上假母猪后即可进行采精。

调教成功的公猪需要连续采精3次，每天1次，以巩固其记忆，形成条件反射。对于难以调教的公猪，可实行多次短暂训练，每周4～5次，每次至多15～20min。如果公猪表现任何厌烦、受挫或失去兴趣，应该立即停止调教训练。后备公猪一般在8月龄开始采精调教。

在公猪很兴奋时，要注意公猪和采精员自己的安全，采精栏必须设有安全角。无论哪种调教方法，公猪爬跨后一定要进行采精，不然，公猪很容易对爬跨假母猪失去兴趣。调教时，不能让两头或两头以上公猪同时在一起，以免引起公猪打架等而影响调教的进行和造成不必要的经济损失。

二、采精

1. 采精杯的制备　先在保温杯内衬一只一次性食品袋，再在杯口覆4层脱脂纱布，用橡皮筋固定，要松一些，使其能沉入2cm左右。制好后放在37℃恒温箱备用。

2. 采精过程　在采精之前先剪去公猪包皮上的被毛，防止干扰采精及细菌污染。将待采精公猪赶至采精栏，用0.1%高锰酸钾溶液清洗其腹部及包皮。猪爬上假母猪后，先挤出包皮囊内的积尿，然后用清水洗净，抹干。按摩公猪的包皮部，待公猪刺激至高潮伸出阴茎后，用温暖清洁的手（需佩戴医用塑料手套，手套外不得有滑石粉）握紧伸出的龟头，顺公猪前冲时将阴茎的S状弯曲拉直，握紧阴茎螺旋部的第一和第二褶，在公猪前冲时允许阴茎自然伸展，不必强拉。充分伸展后，阴茎将停止推进，达到强直、“锁定”状态，开始射精。射精过程中不要松手，否则压力减轻将导致射精中断。注意在采精过程中不要碰阴茎体，否则阴茎将迅速缩回。放弃最初射出的5～10mL精液，然后收集浓精液，直至公猪射精完毕时再放手，注意在收集精液过程中防止包皮部液体或其他如雨水等进入采精杯。采精完毕立即填写“公猪采精登记表”，然后彻底清洗采精栏。

3. 采精频率 成年公猪每周两次，青年公猪每周1次（1岁左右），最好能固定每头公猪的采精频率。

第四节 精液品质的检测

正确判断公猪的精液品质，才能有合格的精液配种，保证配种质量。整个检查过程要迅速、准确，一般在5～10min完成，以免时间过长影响精子活力。精液质量检查的主要指标有精液量、颜色、气味、精子密度、精子活力、畸形精子率等。

1. 精液量 后备公猪的射精量一般为150～200mL，成年公猪为200～600mL，精液量的多少因品种、品系、年龄、采精间隔、气候和饲养管理水平等不同而不同。

2. 颜色 正常精液的颜色为乳白色或灰白色。如果精液颜色异常，则说明精液不纯或公猪生殖道病变，凡发现颜色异常的精液，均应弃去不用。同时，对公猪进行检查，然后对症处理、治疗。

3. 气味 正常的公猪精液具有其特有的微腥味，无腐败恶臭气味。有特殊臭味的精液一般混有尿液或其他异物，一旦发现，不应留用。同时检查采精时是否有失误，以便下次纠正做法。

4. 精子密度 指每毫升精液中含有的精子数，它是用来确定精液稀释倍数的重要依据。正常公猪的精子密度为2.0亿～3.0亿个/mL，有的高达5.0亿个/mL。检查精子密度的方法常用以下两种：

（1）用精子密度仪测量法。该法极为方便，检查时间短，准确率高。若用国产分光光度计改装，也较为适用。使用参照说明书操作即可。该法有一缺点，就是会将精液中的异物按精子来计算，应予以重视。

（2）红细胞计数法。该法最准确，但速度慢。其具体操作步骤为：用不同的微量取样器分别取具有代表性的原精100μL和3% KCl溶液900μL，混匀。在计数板的计数室上放一盖玻片，取少量上述混合精液放入计数板槽中。在高倍显微镜下计数5个中方格内精子的总数，重复2～3次，求其平均值，最后将该数乘以50万即得原精液的精子密度。

5. 精子活力　精子活力是以直线前进运动的精子占总精子的比率来确定的。精子活力的高低与受配母猪的受胎率和产仔数有较大的关系。因此，每次采精后及使用精液前，都要进行活力检查，精子活力的检查必须使用37℃左右的保温板，以维持精子自身的温度需要。一般先将载玻片放在保温板上预热至37℃左右，再滴上精液，盖上盖玻片，然后在显微镜下进行观察。在我国，精子活力一般采用10级制，即在显微镜下观察一个视野内作直线运动的精子数，在视野中若100％的精子呈直线运动，活力评分为1.0分；若有90％的精子呈直线运动，则其活力为0.9分；有80％呈直线运动，则活力为0.8分；依次类推。新鲜精液的精子活力以高于0.7分为正常，稀释后的精液，当活力低于0.6分时，则弃去不用。

6. 畸形精子率　畸形精子包括巨型、短小、断尾、断头、顶体脱落、有原生质滴、大头、双头、双尾、折尾等精子。它们一般不能作直线运动，受精能力差，但不影响精子的密度。公猪的畸形精子率一般不能超过20％，否则应弃去；采精公猪要求每两周检查1次畸形率。每份经过检查的公猪精液，都要填写“公猪精液品质检查记录”，以备对比和总结。

公猪的精检原则：所有在用的公猪必须要有计划按轮值的方法进行精液品质检查。精检不合格的公猪绝对不可以使用。所有的后备公猪必须在精液品质检查合格后方可投入使用。

7. 关于不合格公猪的复检工作　请按“五周四次精检法”进行复检。首次精检不合格的公猪，7d后复检。复检不合格的公猪，10d后采精，作废，再隔4d后采精检查。仍不合格者，10d后再采精，作废，再隔4d后作第四次检查。经过连续五周四次精检，一直不合格的公猪建议作淘汰处理，若中途检查合格，视精液品质状况酌情使用。不合格公猪或精液的处理办法为：各猪场公猪站实验室经精检发现精液不合格的公猪绝对不可以用于配种。

8. 公猪全份精液品质检查暂行标准

优：精液量 250mL 以上，活力 0.8 以上，密度 3.0 亿个/mL 以上，畸形率 5%以下，感观正常。

良：精液量 150mL 以上，活力 0.7 以上，密度 2.0 亿个/mL 以上，畸形率 10%以下，感观正常。

合格：精液量 100mL 以上，活力 0.6 以上，密度 0.8 亿个/mL以上，畸形率 18%以下（夏季为 20%），感观正常。

不合格：精液量 100mL 以下，且密度 0.8 亿个/mL 以下，活力 0.6 以下，畸形率 18%以上（夏季为 20%），感观正常。以上 4 个条件只要有 1 个条件符合即评为不合格。

公猪精液品质检查记录

采精日期	公猪耳号	品种	颜色	气味	体积	密度	活力	畸形率	结论

第五节　精液稀释

精液稀释是为了保证更高的效率。本交（公猪与母猪直接交配），每头公猪可交配 10～20 头，经过精液稀释，每头公猪可给 100～200 头母猪人工授精。精液稀释液（也可使用商品精液稀释液粉）配制时要注意，配制稀释剂要用精密电子天平，不得更改稀释液的配方或将不同的稀释液随意混合，常用稀释剂配方见表

5－1。配制好后可以先储存，液态稀释液在4℃冰箱中保存不超过24h，超过储存期的稀释液应废弃。抗生素的添加，应在稀释精液前加入到稀释液里，太早易失去效果。

一、稀释液配制的具体操作步骤

1. 药品　所用药品要求选用分析纯，对含有结晶水的试剂按摩尔浓度进行换算。

2. 精确度　按稀释液配方，用称量纸和电子天平按1 000mL和2 000mL剂量准确称取所需药品，称好后装于密闭袋中。

3. 准备　使用前1h将称好的稀释剂溶于定量的双蒸水中，用磁力搅拌器加速其溶解。

4. 过滤　如有杂质需要用滤纸过滤。

5. 标签　稀释液配好后及时贴上标签，标明品名、配制时间和经手人等。

6. 预热　放在水浴锅内进行预热，以备使用。

7. 检查　认真检查配好的稀释液，发现问题及时纠正。

表5－1　常用稀释剂配方

项　　目	类　　型		
	BTS	KIVE	20rPVa
保存天数	3	3	5
葡萄糖（g）	3.7	6	1.15
柠檬酸钠（g）	0.6	0.37	1.165
碳酸氢钠（g）	0.125	0.12	0.175
EDTA钠	0.125	0.37	0.235
氯化钾（g）	1	0.075	
青霉素（IU/mL）	500	500	0.69
链霉素（mg/mL）	0.5	0.5	1.09
蒸馏水加至（mL）	100	100	100

二、精液的稀释处理

处理精液必须在恒温环境中进行，品质检查后的精液和稀释液都要在37℃恒温下预热。处理时，严禁太阳光、日光灯直射精液，阳光对精子有极强的杀伤力，最好在蓝色光线下操作。实验室内严禁抽烟和使用挥发性有害气体（如苯、乙醚、汽油、香精等）。稀释液应在采精前准备好，并进行预热。精液采集后要尽快稀释，未经品质检查或活力在0.7以下的精液不用于稀释，具体的稀释程序为：

1. 精液稀释头份的确定 计算方法：人工授精的正常剂量一般为30亿～40亿个/头份，体积为80～100mL，假如有公猪的原精液，密度为3亿个/mL，采精量为150mL，精子活力为0.9，稀释后头份密度要求为每100mL 40亿个。则此公猪精液可稀释150×3×0.9/40=10头份，需加稀释液量为（100×10－150）mL=850mL。同一种稀释液，若精子密度越大，精子所消耗能量越多，保存时间也就越短。

2. 调温 测量精液和稀释液的温度，调节稀释液的温度与精液一致（两者相差1℃以内）。注意：必须以精液的温度为标准来调节稀释液的温度，不可逆操作。

3. 一般稀释 将精液移至2 000mL大塑料杯中，稀释液沿杯壁缓缓加入精液中，轻轻搅匀或摇匀。不可逆操作。

4. 高倍稀释 如需高倍稀释，先进行1∶1低倍稀释，1min后再将余下的稀释液缓慢加入。因精子需要一个适应过程，不能将稀释液直接倒入精液中。

5. 检测活力 精液稀释的每一步操作均要检查活力，稀释后要求静置片刻再作活力检查。活力下降说明稀释液的配置或稀释操作有问题，不宜使用，必须查明原因并加以改进。

6. 用具的洗涤 精液稀释的成败，与所用仪器的清洁卫生有很大关系。所有使用过的烧杯、玻璃棒及温度计，都要及时用蒸馏水洗涤，并进行高温消毒，以保证稀释后的精液能适期保存和利用。

7. 精液的分装　稀释好的精液，检查其活力，前后一致便可以进行分装，执行《精液生产、储存、运输作业准则》。稀释后的精液也可以采用大包装集中储存。但要在包装上贴好标签，注明公猪的品种、耳号及采精的日期和时间。

公猪使用情况记录表

品种	公猪耳号	采精日期	鲜精量	色泽	气味	密度	精子活力	畸形率	稀释头份	实际稀释	稀释液量	采精员

精液稀释记录

日期	耳号	品种	采精量	活力1	精子密度	稀释体积	活力2	混精活力	精液份数	精液编号	采精员

第六节　精液分装、保存、运输和储存

为保证精液在使用前质量没有明显的下降。精液分装、保存、运输和储存必须按一定的操作规程，认真细致地操作。

一、精液分装

1. 容器　以前没使用过的精液瓶和输精管，应先检查其对精子的毒害作用。使用的瓶子和管子必须为对精子无毒害作用的塑料制品。

2. 检测活力　稀释好精液后，先检查精子的活力，活力应无

明显下降，否则弃之。

3. 分装 按每头份 80～100mL 进行分装。如果精液需要运输，在用瓶子分装时，应排掉瓶子里的空气，以减少运输中对精子的应激。

4. 标注信息 分装后的精液，将精液瓶加盖密封，贴上标签，清楚标明公猪的品种、耳号及采精日期与时间。

二、精液保存、运输、储存

1. 保存 需保存的精液先在室温 22～25℃下放置 1～2h 后，放入 17℃（16～18℃）冰箱中，或用几层干毛巾包好直接放在 17℃冰箱中。

2. 温控与放置 冰箱中必须放有灵敏温度计，随时检查其温度。分装精液放入冰箱时，不同品种精液应分开放置，以免拿错精液。精液应平放，可叠放。

3. 查看 从放入冰箱开始，每隔 12h，要小心摇匀精液一次（上下颠倒），因精子放置过久，会大部分沉淀聚集，若不处理精子会死亡。一般可在早上上班、下午下班时各摇匀一次，并做好摇匀时间和人员的记录。

4. 管理 冰箱应一直处于通电状态，尽量减少冰箱门的开关次数，防止频繁升降温对精子的打击。保存过程中，一定要随时注意冰箱内温度的变化，以免因意想不到的原因而造成电压不稳，导致温度升高或降低。出现温度异常或停电，必须普查储存精液的品质。精液一般可成功保存 3～7d，越早使用其精子繁殖力越强。

5. 运输 主要针对场内运输。高温的夏天，一定要在双层泡沫保温箱中放入冰袋（17℃恒温），再放精液进行运输，以防天气过热，死精太多。严寒的季节，要用保温用的恒温乳胶或棉花等在保温箱内保温。

6. 低温储存 精液的储存，采用液氮储存，将稀释好的精液用液氮熏蒸法制作成冻精颗粒，然后在液氮罐中保存，但由于猪的冻精配种受胎率和产仔数低，国内很少使用。

第六章　仔猪管理

第一节　分娩后新生仔猪的管理

对新生仔猪的管理，最主要的是对分娩母猪的合理喂养。在分娩时，最好由母猪自己完成分娩的全过程，尽可能地减少人工助产。新生仔猪出生后要用吸水性好的材料擦拭干净，或撒满全身，包括头部和蹄部覆盖的膜，然后把仔猪放在母猪旁边有热源的地方，有保温箱的也可放在箱内。

新生仔猪管理中最重要的一项就是保证仔猪出生后能够吃到初乳，通过初乳的摄取可以使仔猪产生抵抗外界疾病的免疫力。分娩后 2d 初乳还可以分泌，但是初乳中的各种抗体水平明显下降，分娩 4h 后仔猪的免疫蛋白质的吸收能力也急剧下降，所以，尽最大可能使新生猪在最短的时间内摄取到充分的初乳是非常重要的（表 6-1）。

表 6-1　初乳与常乳中免疫球蛋白水平

	免疫球蛋白 G（IgG）	免疫球蛋白 A（IgA）	免疫球蛋白 M（IgM）
初乳（0h）	61.8	9.7	3.2
母乳（24h）	11.8	3.8	1.8
母乳（2d）	8.2	2.7	1.8
母乳（4d）	1.9	3.4	1.2
母乳（21d）	1.4	3.0	0.9

分娩时间较长时，可考虑给母猪注射催产素，促进仔猪娩出，吃到初乳。若有吃不到初乳的仔猪或弱仔时，规模猪场一般采用让仔猪吃别的分娩母猪的初乳，也可以对分泌较强的母猪的初乳做一

些冷藏储备，必要时加热到常温后，每头饲喂 10～20mL。如果初乳中添加 10%玉米油一起灌服效果更好。

分娩后为新生猪提供舒适、温暖的睡眠场所是重要的，规模猪场一般采用保温箱和保温灯，地板用棉麻垫等。哺乳期内注意环境安静、清洁、干燥，粪便及时清理。仔猪刚生时要求温度较高，2d 后逐渐降低，可根据产房的自动调节标准设定，要有适当的通风措施。

每日治疗、保健、饲喂时注意有无仔猪被压，及时拉出。新生仔猪吃到初乳后，在 24～48h 内称重、剪牙、断尾。剪牙钳用 5%碘酊消毒后齐牙根处剪掉上下两侧犬齿共 8 颗，断口要平整，断尾时尾根部留下 2cm 处剪断，并用 5%碘酊消毒。弱仔以后补做断牙。剪牙、断尾时每个仔猪喂服庆大霉素或喹诺酮类药物（泻痢安）1.5mL，预防仔猪下痢；仔猪初生后第三天注射铁剂（右旋糖酐铁）1mL，预防贫血。如果猪场呼吸道病严重时，鼻腔喷雾卡那霉素加以预防。无乳母猪采用催乳中药拌料或口服。

仔猪吃过初乳后根据情况适当寄养调整（如母猪产仔过多，泌乳差），尽量使仔猪数与母猪的有效乳头数相等，防止未使用的乳头萎缩，从而影响下一胎的泌乳性能。寄养时，仔猪间日龄相差不超过 3d，把大的仔猪寄出去，寄出时用寄母的乳汁擦抹待寄仔猪的全身。将所有营养不良（但无病）的仔猪，寄养给刚断奶而产奶还旺盛的母猪，适量灌服保命油、葡萄糖。

10 日龄内小公猪去势，去势时术部先用消毒药水洗净，手术刀也要用 70%酒精消毒后再使用，去势要彻底，切口不宜太大，术后用 5%碘酊消毒。产房要保持干燥，哺乳期间产床不能冲洗。每天检查饮水器，仔细观察猪群，发现病猪，及时治疗；对腹泻的仔猪，发现一头，治疗一窝，并追踪治疗。

仔猪出生后 5～7 日龄开始诱食补料，或将奶粉加 3 倍温水稀释后给小猪强行灌服几次，适应后放入料盘中自行吃料，然后再往奶粉中逐渐增加教槽料，过渡到吃稀料；如果日龄较大，则可直接用奶粉化水后再加教槽料拌成稀料诱食，仔猪学会采食后将奶粉逐渐减少至不添加，保持料槽清洁，饲料新鲜。勤添少添，晚间要补添一次料。每天补料次数为4～5次。

产房要定期消毒，及时处理每天的垃圾、胎衣、死胎、木乃伊胎、病死仔猪；及时治疗病猪；保证各单元门口消毒盆、池的消毒药有效浓度。母猪、仔猪免疫参照《猪场免疫方案》进行。

仔猪21～25日龄断奶。目前世界上已不再推崇21日龄前断奶，从整个生产安排来看，仔猪21～25日龄断奶，比较合理。断奶前后连喂3d抗应激药，如人工盐＋维生素C以防应激。同一批断奶仔猪中若发现有弱仔，可继续由刚断奶而产奶还旺盛的母猪哺乳。由主管填写“断奶情况周报表”“断奶仔猪转运单”。

第二节　保育仔猪的饲养管理

进猪前，空栏彻底冲洗消毒。一般要求程序是：打扫卫生、清理积粪及整理各种用具，将所有栏板、饲料槽拆开用清水冲洗。用高压冲洗机彻底冲洗所有猪能接触到的地方，然后用2%～3%烧碱消毒，再过1h后清水冲洗。晾干后进行第二次消毒（最好熏蒸消毒），将栏板、料槽组装好，将房间温度升至28℃左右（夏季27℃），转入保育仔猪（猪转入之前，空栏不少于3d）。在二次消毒后进猪前，检查猪栏、饲料槽、风机及饮水器等是否正常，检查所有电器、电线是否损坏，检查窗户是否可正常关闭，对不能正常运作的设备应及时通知维修人员进行维护。

按计划转入仔猪，按原群在保育舍单元猪栏定位饲养，如遇栏位不够，以同一单元产房内相邻两窝猪合群为好，填写“保育仔猪转运单”。猪群转入后即日进行调整，按大小和强弱（种猪场公母要分群）分栏，保持合理的密度（0.3～0.35m^2/头）。残次猪及时隔离饲养。分群合群时，为了减少相互咬架而产生应激，应遵守“留弱不留强、拆多不拆少、夜并昼不并”的原则，可对并圈的猪喷洒有气味药液（如来苏儿），以清除气味差异（或在栏内放异物，分散相互咬架的集中力），并栏后饲养人员要多加观察。

保育猪群饲养管理，要求技术人员每天上、下午两次，上班时进入猪舍后先快速检查一遍所有保育猪，注意观察休息时的呼吸情况。饲养员在清理卫生时注意观察猪群排粪情况，喂料时观察食欲情况，并将情况及时反馈给技术员。发现病猪，及时隔离，对症治疗。严重或原因不明时 2h 内要上报。统计好病死仔猪，填写“保育仔猪死亡情况周报表”。

对保育猪的温度控制，是饲养的关键。刚转入的断奶猪温度要和产房尽量相一致，寒冷时要用保温箱或保温灯进行保温。每栋保育舍单元应挂一个温度计，高度不超过 1m，经常观察气温变化，同时要视猪群的健康、大小状况来调节，当气温高于 28℃时应适当开窗通风降温；高于 33℃时，应开风扇；当气温低于 18℃时，一般通过关闭门窗或锅炉升温（保温灯＋麻袋）来保温。以后每周的温度分别为：第二周 25℃，第三周 23℃，第四周 21℃，第五周 20℃。

注意舍内有害气体浓度，及时排气、换气。做到小环境保温、大环境通风。注意保持保育舍内安静的环境。转栏后 2d 注意限料，以防消化不良引起下痢。以后自由采食，勤添少添，每天添料 3～4 次。保证充足的清洁饮水。刚转入小猪栏要用木屑或棉花将饮水器撑开，使其有小量流水，诱导仔猪饮水和吃料。经常检查饮水器。转栏第一周，饲料中视情况添加一些抗应激药物如多种维生素、矿物质添加剂等。同时饲料中适当添加一些抗生素药物，如强力霉素、利高霉素、土霉素、阿莫西林等。

保持圈舍卫生、干燥，每天清粪两次，加强猪群调教，训练猪群吃料、睡觉、排便“三定位”。训练方法是排泄区的粪便暂时不清扫，诱导仔猪来排泄。其他区的粪便及时清除干净。当仔猪活动时对不到指定地点排泄的仔猪用小棍子哄赶并加以训斥。当仔猪睡卧时，可定时哄赶到固定区排泄，经 1 周训练，方可建立条件反射。尽可能不用水冲洗存猪栏圈（炎热季节除外）。注意舍内湿度。

刚断奶仔猪常出现咬尾和吮吸耳朵、包皮等现象，原因主要是刚断奶仔猪企图继续吮乳，当然也可能是饲料营养不全、饲养密度过大、通风不良应激。防治办法是在改善饲养管理条件的同时，为仔猪设置玩具，分散注意力。玩具可在每栏内悬挂两条由铁环串成的铁链，高度以仔猪仰头能咬到为宜。

保育舍仔猪疫苗注射参照《猪场免疫方案》进行，尽量避免在断奶前后 3～7d 注射各种疫苗。

每周带体喷雾消毒两次，冬春季节，在天冷或雨天时酌情减少次数或延后。每月更换 1 次消毒药种类。

饲养期间，选育员对种猪苗再次进行挑选，对不合格的种猪苗降级为肉猪苗或残次苗，种猪苗挑选执行《种猪淘汰更新标准》的相关规定。保育期间应实行周淘汰制，对残、弱、病猪每周淘汰 1～2 次。

保育期完成后，要进行猪群转出，转出猪要事先鉴定合格后才能转出，填写“保育仔猪上市情况周报表”。合格种猪苗转入测定站或生长舍饲养。残次猪苗特殊处理出售或由公司统一调拨饲养。保育舍应“全进全出”，即每批猪转出后要彻底地清洗和消毒，最少空置 3d 再进猪。

第七章　生长育肥猪的饲养管理

猪离开保育舍时，已经很健壮、很稳定了，比较容易管理。然而，在30～110kg这一阶段所消耗的饲料，占猪一生所耗饲料的85%，占全部生产成本的60%以上。这时，经营管理和饲养操作中的细微变化都将对经济效益产生极大的影响。育肥猪会很好地体现饲养管理的重要性，可直接反映饲料配方控制、饲喂方案、生长速度、饲料报酬、屠宰体重、猪肉产品销售所带来的效果。最佳饲料报酬、猪肉产品销售价的实现有赖于以下几个因素：采食量、饲料转化率、生长速度、30～110kg期间的死亡率、屠宰猪的背膘厚（或瘦肉率）、平均屠宰重量和超过规定上限所带来的负面经济效益、猪的基因型等。

生长育肥猪，要直接面对市场，是为确保肉猪质量满足顾客要求。制订适用于猪场生长育肥猪的饲养管理方案，按市场和生产要求，要达到育肥阶段成活率≥97%，料肉比（25～100kg阶段）≤3.2∶1，生长肥育阶段（25～100kg）饲养天数≤105d，上市猪均重在115kg以上。

第一节　进猪前的准备

进猪前对栏舍及栏舍周围清理干净，并做好消毒工作。空栏、彻底冲洗消毒，具体要求程序是：打扫卫生、清理积粪及整理各种用具，以清水用高压冲洗机彻底冲洗所有猪能接触到的地方，不能用水冲的插板、灯泡、电机等电器或设备用毛巾擦干净，再用2%～3%烧碱消毒各处，然后以清水冲洗后晾干，进行第二次消毒（最好火焰消毒或熏蒸消毒）。保证空栏不少于3d。在二次消毒后进猪前，检查猪栏、饲料槽、风机及饮水器等是否正常，检查所有电器、电线是否损坏，更换所有损坏的照明线路灯泡，检查卷帘是否可正常关闭，对不能正常运作的设备应及时通知维修人员进行维护。

转入时主管需与保育员衔接好转猪时间、猪的头数和日龄。技术人员要根据猪群中病弱猪的比率规律计算出需要预留的空栏数，预留的空栏需是阳光和空气流通比较好的猪栏。

第二节　育肥猪的管理

（一）仔猪入栏管理

在进仔猪后1周内要做好以下工作：

1. 分群　转入猪群按强弱、大小、公母合理分群（冬季0.8～1.0m²/头，夏季1.0～1.2m²/头），每栏约25头猪，分群时，较大猪放在靠近门口两侧的猪栏，将进猪时挑出的弱猪、小猪放入预留空栏中，再将病猪统一放入隔离栏，方便统一治疗，尽量再预留2～3个栏位，以备之后调整猪群时使用。分完群后立即统计猪数，及时与保育出猪数核对。

2. 定位调教　进猪后的前3d要对小猪进行调教：定时定量定餐，定点采食(料槽)、定点拉粪(远离过道的漏缝板处)、定点睡觉(靠过道)。

3. 定点拉粪调教　进猪时将猪栏的一个角落淋湿，引导小猪到那里拉粪、拉尿，及时清理非拉粪点的粪便至拉粪点，发现小猪在睡觉的地方拉粪、拉尿，要及时驱赶。

4. 加料　从第四天起，每天喂3餐小猪料，逐渐增加喂料量，直至自由采食，即每次吃料后料槽内都要剩余一点饲料，每天应有1～2次1h左右的空槽时间。

5. 保健　转入第一周，饲料中添加一定药物，如泰乐菌素等，预防及控制转群应激、呼吸道疾病等。

在进猪1周后，逐渐进入正常的肥育猪管理程序，冬春季温度低于20℃时全群带猪消毒一次（中、大猪两次），夏秋季对全群带猪消毒两次。消毒前先将猪栏打扫干净，喷洒消毒水时要以全部地面湿润为准。从进猪第20天起要加强观察，出现大小不均匀时，要及时对猪群进行再次分栏，将每栏较小的猪合并到预留的空栏内。视情况对这部分小猪适当延长小猪料的喂料时间，或添加多种维生素等营养物。80

日龄开始，根据饲料消耗情况，及时进行换料，为减少换料腹泻，一般换料期为3d，在小猪料中逐天增加中猪料，4d后全部换为中猪料。

（二）大猪入栏管理

120日龄左右将中猪转入大猪栏，大猪栏进猪前，也要对栏舍及栏舍周围清理干净，并做好消毒工作。对大猪栏的空栏进行彻底冲洗消毒准备工作，至少是整个房间或整栋建筑，都实施全进全出，然后再进行彻底的冲洗和消毒。整个清洗过程可以和育肥舍的冲洗相似，参照育肥舍的准备措施。检查猪栏、饲料槽、风机及饮水器等是否正常，检查所有电器、电线是否损坏，更换所有损坏的照明线路灯泡，检查卷帘是否可正常关闭，猪越大，其破坏性越大，所以每次转群期间的维修就显得很重要。任何可能会影响猪福利的问题都需立即引起注意。对不能正常运作的设备应及时通知维修人员进行维护。

转入猪群按强弱、大小、公母合理分群，每栏8～20头猪（主要看栏舍的面积），分群时，较大猪放在靠近门口两侧的猪栏，将进猪时挑出的弱猪放入预留的空栏中，再将病猪统一放入隔离栏，方便统一治疗，预留栏位便于调整猪群时使用。分完群后立即统计猪数，与出猪数核对。进猪后的前3d也要对猪群进行调教，定时定量定餐，定点采食（料槽）、定点拉粪（远离过道的漏缝板处）、定点睡觉（靠过道）。定点拉粪调教，进猪时将猪栏的一个角落淋湿，引导拉粪、拉尿，及时清理非拉粪点的粪便至拉粪点，发现猪在睡觉的地方拉粪、拉尿，要及时驱赶，必要时，给予惩戒。转入后及时将中猪料转换为大猪料，为减少换料腹泻，换料期4d，在中猪料中逐天增加大猪料，4d后全部换为大猪料。视情况添加适当药物以防止腹泻。120日龄到上市，全程喂大猪料。

生长育肥猪疫苗注射参照《猪场免疫方案》进行。肉猪销售前主管及时沟通饲养员调整上料量，避免销售当天料槽内仍剩余较多饲料。每天清粪两次，保持干净，夏天每天冲栏一次，冬天每周冲栏一次。肉猪上市时特别要注意加强消毒防疫工作。

（三）环境控制及饲喂管理

1. 肥育猪舍环境控制 夏季高温的降温处理是难点，生长舍最适宜温度为18～22℃，每栋生长舍应挂一个温度计，经常观察气温变化，当气温高于27～28℃时应开风扇降温，高于30℃时，应至少保持一天一次的淋体降温；当气温低于18℃时应采取保温措施，一般通过降卷帘、遮挡北面迎风带等。栏舍要通风，通风率0.15m/s，以减少空气中有害气体的浓度。为达到这样的通风范围，良好的控风系统是很重要的。对于一个完整的通风系统，入风口的尺寸控制是必不可少的，因为猪很难适应通风模式的变化和贼风的影响。气候寒冷时，改变冷空气的流动可减少猪在寒冷空气中的暴露程度，也可引导猪改变其躺卧于粪尿排放区域的习性。使用可双向通风的系统或通过提高风扇叶片速度来提高通风量。在一些气候条件类型下及在可准确控制通风换气率的隔热良好的建筑中，冬季和夏季都可以较好地控制室温，而在不能保持室温的时候，则须采取措施升温或降温。据市场对屠宰猪的要求，可采取自由采食或限制饲喂。若某地区在较长时间内对背膘的要求都不高，则可采用自由采食来节约劳动力成本。若饲料便宜，则可通过提高采食量来提高生长速度，而采用干湿自由采食料槽则有助于目标的实现（表7-1）。若对背膘厚具有明显的影响，则可在60kg至屠宰期间进行限饲，限饲程度有赖于目标背膘厚及当前背膘厚。

表7-1　35～87kg体重期间自由采食系统的对比

	饲喂干料	饲喂干湿料	饲喂干湿料的优势（%）
每头每天采食量（kg）	2.03	2.12	4.2
日增重（g）	739	794	7
活重基础上	2.77	2.7	2.5
胴体重基础上	3.58	3.48	2.8

2. 饲喂管理　育肥猪的饲喂是简易的，不同于先前所述的其他类型的种猪。为增加采食量，要求所给饲料应是新鲜、清洁的。对于自由采食的料槽，则应允许猪每周吃空1～2次料槽以减少陈料的堆积并减少饲料浪费，这可提高4%的饲料报酬。另外，还应定期检查、清扫料槽，清空储存罐。在饲喂空间最适时，猪栏的形状也起着重要的影响作用。饲槽周围是一个活动区域，若栏的形状

迫使猪不得不在这一区域躺卧时，猪之间会发生争斗而减少采食量。同样的，若从料槽到饮水器之间没有足够的空间，也会有争斗发生。育肥猪的饲养空间见表 7-2。同时应考虑自由采食料槽设计不合理所造成的饲料浪费。和其他猪一样，育肥猪也应保证供应新鲜、清洁的饮水，即使饲喂湿料，仍需供水。

表 7-2　育肥猪的饲养空间

饲喂体系	饲养空间
限饲或液体饲料	0.3m
自由采食——条形料槽	0.08m
单独料槽	0.3m，饲养 13 头
圆形料槽	50 头

（四）其他管理

猪的转运：猪舍间或房间之间的转群都要求安静、轻柔，并尽量不要混群。当称重或作乳头检查时猪会很惊慌，为避免损伤，必须细心对待猪。以下是一些转群规则：不要让猪有机会选择方向；为避免猪回头或乱窜，应使用赶猪板来赶猪；赶猪前，设置好门和通道及阻挡物等；尽量不要让猪越过障碍物，比如光照区、水坑、低温区。

问题猪的处理：即使在育肥阶段，也有小部分的猪会在同栏猪间处于不利地位。偶尔，会发现咬尾及其他受伤的猪，对这些猪需特别护理，有时需单圈饲养。此外，应将体形相似的猪饲喂在同一栏内，以利于这些猪更好的生长。生病的、受伤的猪需给予药物治疗或适时予以处死。许多掉队的猪很难具备应有的生长速度，最好尽早屠宰。

建议对生长速度、饲料转化率、饲料成本进行监控，以确定生长性能和效益水平。在规模化流水线生产中，有必要对转入、转出的猪进行抽样称重，并记录饲料消耗量。饲料的使用量可进行估计。每周统计数据，然后累计起来计算出 3 个月的平均数。

对屠宰后称重的市场，有必要知道屠宰率为多少。因此，抽样出来的猪要当时屠宰，并按常规称取胴体重。在使用计算机进行测定时，胴体数据可自动收集，从而使得不同饲喂方案所反映的经济效益能尽早知道。

第八章　饲料与营养

第一节　现代规模养猪业与2012年NRC猪的标准

美国国家研究委员会（NRC）在1942年建立了由各方面专家组成的家畜营养委员会，着手研究家畜对已知营养素的需要量。从1944年开始，他们正式公布了第一个畜禽营养素适宜供给量的标准。其中包括家禽、猪、乳牛、肉牛、绵羊、马等几个标准。从此以后，他们每隔5～10年进行一次修订，吸收新的科研成果和实验资料，校正原有的标准。到2012年，美国NRC猪的标准（《猪营养需要》）总共出了11版。第10次修订版《猪营养需要》推出后，赶上中国养猪业饲养方式的变革，几乎为中国所有饲料配方设计人员所熟知。中国也制定了猪的营养需要量标准，但实验数据还不够全面，尤其是现在中国规模化猪场饲养品种主要引进瘦肉型猪的情况下，熟悉美国NRC猪的标准更接近实际。

第11次修订版《猪营养需要》的出版得到了美国食品药品监督管理局、伊利诺伊玉米营销委员会、饲料教育研究所、明尼苏达玉米生产者协会、国家养猪委员会、内布拉斯加玉米委员会及国家研究委员会内部基金的经费支持。NRC标准多年的不断增订和修正，反映出人们对家畜营养规律的认识日益深化，同时也说明他们的畜牧生产水平在不断提高。NRC标准先后11版修订的内容主要在猪各阶段能量与养分需要的更新上。

①关于来自生物燃料产业的新饲料原料及其他新原料，例如新的大豆产品信息。

②新增各章专论脂类、碳水化合物、潜在饲料污染物，以及养分和能量的消化率。

③新的磷评估标准：标准化全肠消化率（STTD）。所有各类猪对 STTD 磷的需要量及各种饲料原料的 STTD 磷含量。

④关于饲料加工影响方面的信息（如制粒、膨化及颗粒尺寸缩小）。

⑤增加养分保留、减少养分排泄的策略。

⑥扩展饲料营养成分表。

⑦更新评估猪养分需求的计算机模型。

⑧确定未来的研究需要。

美国 NRC 的标准是个不断完善和发展的标准，从 1959 年起，开始建立了体重 5kg 仔猪的营养需要量，同时对一些微量元素做了必要的规定。美国 NRC 标准是世界上历史比较久，工作比较系统的一个饲养标准，它一直受到世界各国重视。在制定我国养猪的饲养标准时，应当汲取 NRC 标准多年历史发展的经验教训，在饲料成本高涨的当下，NRC 标准能为猪场带来更大的回旋余地。NRC 标准是目前所有类似标准里做得较好的，应该是每个饲料配方设计人员必备的，它是按玉米豆粕型配方设计的。符合规模化养猪业的营养需求。

在 NRC 标准中，针对不同的猪，如公猪、母猪、仔猪，以及育肥猪的不同阶段，都列出了不同的营养需求。而且需求中还细分为能量、各种氨基酸、粗蛋白、矿物质、微量元素等，可谓是面面俱到。此外 NRC 标准里面同样列有许多饲料原料信息，每种原料都有详细的成分表，让使用者可以一目了然。

虽然如此完善，但还在修订，每次修订都有其现实意义，随着品种、环境、饲养方式的改变，饲养标准应该每 10 年修订一次。据了解，新 NRC 标准主要改动了猪的能量和营养需求及部分新原料信息，还新增了评估猪营养需求的最新计算机模型等。

猪场使用 NRC 标准已经很普遍，现在的饲料配方已经很成熟，猪场做配方并不是什么难事，而且饲料企业做全价料，利润总体会比预混料高，猪场做自配料会比较便宜。饲料企业都是按照大猪料、小猪料、中猪料划分，也会专门为一些大规模猪场设计配方。而养殖场也可以根据本场实际情况和经验每周调整分配配方，这是猪场最大的优势。猪场自己做配方有一定的局限，但也会有一定的好处，NRC 标准也有望被养殖户接受。NRC 标准里面是猪的最低营养需要，这个标准用作参考，一般适合外来猪种，而规模化猪场养殖的猪品种，多数是引进瘦肉型品种。NRC 标准目前是做配方必不可少的，一般能达到很好的生产性能，种猪场较生猪养殖场更适用。

但猪场原则上是为了更高的经济效益，如果单独参照这个标准设计配方，成本将会很高。为了不同的生产目标，生产上还应该参照其他的标准和生产实际，比如中国的猪当然要参考中国猪的营养标准，应当综合考虑合理设计配方。使用配方的时候不能教条主义，现在没有一个配方适合所有的猪，要选用适合自己的配方。目前国内饲料企业都有自己的标准，可以借鉴。猪场如果要自己做配方，需要达到一定规模才比较合适。因为有 3 个方面的问题需要解决：一是技术方面的问题，做配方必须得有懂得营养的技术人才；二是硬件方面的问题，要配备相关的设备，如粉碎机和搅拌机，而这些设备质量也是参差不齐，会对饲料质量产生影响；三是原料采购方面的问题，如果没有达到一定规模，其采购价格和质量都有待考证。现在禁止经销商为猪场做自配料，从安全和规范上来讲，未来猪场做自配料也很有可能受到限制。

中国也有自己的营养标准。1987 年，颁布 NY/T 65—1987《瘦肉型猪饲养标准》，2004 年修订后，改为 NY/T 65—2004《猪饲养标准》，一直沿用至今。但中国的标准远不及 NRC 标准在业界有影响力。

第二节　现代规模养猪业依赖的饲料工业

在我国饲料工业是一个新兴的产业。30 年来，随着动物营养学、饲料科学和饲料工业技术水平的发展与提高，我国饲料工业得到不断的发展，成为畜牧业营养的主要提供形式。

一、我国饲料工业发展的历史

20 世纪 50 年代，一些国营畜牧场参照国外颁布的动物营养需要，生产加工所需的混合饲料。但我国的饲料工业真正起步于 70 年代。我国从国外引进粉状、颗粒状饲料加工成套设备的同时，开始积极地研制工作，并展开了一系列的饲料科学研究，建立了专门的研究院所。1984 年我国饲料工业正式纳入国民经济和社会发展序列，促进了饲料工业的大发展。1989 年国务院把饲料工业列为重点支持和优先发展的产业。我国饲料工业起步很晚，比经济发达国家晚了 70 多年。但是发展很快，在经历了萌芽、起步、快速发展 3 个阶段后，如今已初步建成了包括饲料原料工业、饲料添加剂工业、饲料机械设备制造业、配合饲料工业及饲料科研、教育、培训、监督、检测、信息等在内的完整的饲料工业体系，成为继美国之后的世界第二大饲料生产国。

二、饲料工业发展的意义

养殖业中饲料成本约占总生产成本的 70%。饲料工业的发展及科学配合饲料和饲料添加剂的研制应用提高了饲料转化率，大幅度地降低了动物生产中的饲养成本，为养殖业获得良好的社会经济效益奠定了坚实的科学基础。畜牧业在饲料工业的强大支持下得到迅猛发展，同时，畜牧业在农业中的比重稳步上升。我国肉类产量稳居世界首位，人均占有肉类达到世界平均水平，畜牧业总产值占农业总产值超过 40%。饲料工业的发展促进了畜牧业特别是现代畜牧业的发展，促进了各类资源的综合开发利用，减轻了环境污染。由于使用配合饲料，结合畜禽良种的推广，养殖业的生产过程加快，生产周期缩短，畜产品的产量增加，质量提高，从而给养殖业带来了巨大的经济效益。也使现代化的、规模化的、流水线式的养猪成为可能，使我国的养猪效率向发达国家看齐。

三、猪饲料产品结构逐步优化

我国猪饲料产品有配合饲料、浓缩饲料、添加剂预混料。饲料产品结构进一步优化，高附加值的添加剂预混料和浓缩饲料产品比例大幅度提高。添加剂预混料和浓缩饲料占饲料产品的比重增大。饲料产品的质量管理体系不断完善，产品质量稳步提高，饲料产品的质量管理标准化体系不断完善，目前，饲料工业产品的国家及行业标准有 207 个，其中国家标准有 70 个，行业标准有 137 个。国家饲料质量监督检验中心监督抽查结果显示，我国配合饲料合格率基本稳定在 90％以上。企业规模和组织结构集团化，饲料工业生产集中度不断提高，产销量向优势企业和名牌产品集中，以正大集团、新希望集团、山东六和集团、通威集团等为配合饲料代表，以正大康地集团、大北农集团、雄峰集团等为预混合饲料代表，以广东温氏、大连韩伟、北京德青源公司为产业一体化企业代表，形成三分天下的格局。饲料业和养殖业及相关产业之间互相联合、渗透，一体化经营趋势进一步增强。饲料企业所有制结构的多元化更加明显，私营企业、乡镇企业、三资企业等大量涌现，成为饲料企业的重要力量。多元投资主体形成，使饲料市场的容量趋于饱和。

饲料的安全性日益被重视，饲料的安全性直接关系到动物食品的安全，进而影响到人们的健康。目前，国际上对饲料的安全性予以高度重视，特别是欧洲发生疯牛病和比利时二噁英食品污染事件以来，许多国家更加强化了在饲料安全问题上的监管。我国也随着消费者对食品健康安全的意识增强，对饲料的安全性日益关注，政府顺应消费者和国际大趋势的要求，加强了饲料产品安全性的立法和检测。

四、我国饲料工业存在的问题

饲料蛋白质资源缺口大：我国蛋白质资源贫乏，一直存在较大的缺口。尽管随着饲料种植从粮食种植中分离出来，蛋白质饲料资源开发利用水平不断提高，蛋白质饲料短缺的矛盾有所缓解，但是蛋白质饲料原料仍然供不应求。饲料资源的制约作用还表现在对国际市场的依赖度过高，价格波动幅度过大，影响饲料产业的健康发展。就玉米而言，2012 年缺口为 2 305 万 t，2020 年将要进口 5 000多万 t，达到国内总需求的 25%左右，而 2030 年预计进口量达到 8 000 万 t。2007/2008 年度大豆的进口量已经超过国内产量的两倍以上，鱼粉进口量逐年增加的格局一直在延续。

我国的饲料添加剂工业已初具雏形，部分维生素、酶制剂和微量元素等产品已能自己生产，用来供应国内市场需求，但其发展仍滞后于饲料加工业，不能满足饲料工业生产的需要，每年不得不从国外大量进口，蛋氨酸等某些添加剂国内还不能生产或生产不足，需要长期进口。

第三节　猪生长发育需要的营养

维持动物生命、生长和繁殖的营养成分主要是蛋白质、能量、矿物质、维生素和水。猪生长需要饲料中营养成分如下。

一、蛋白质

饲料中的蛋白质经胃、肠道的消化和分解变成氨基酸被肠壁吸收。当猪日粮中缺乏蛋白质时，就会影响猪的健康、生长发育和繁殖性能，降低生产力；仔猪则因血红蛋白减少而发生贫血症，使抗病力下降，生长发育减慢；公猪性欲减退，精子畸形和活力不足，影响配种繁殖，使受胎率与产仔数下降；母猪发情不正常，排卵数减少，受精卵与胚胎早期死亡，发生死胎、流产及产后泌乳力弱等。如果日粮中蛋白质过多也会使猪的肝、肾负担过重而遭到损伤，并造成公猪不育。

在猪的蛋白质营养中，常常遇到赖氨酸和蛋氨酸含量不足的问题，而且猪的生长速度越快、生长强度越高，需要的赖氨酸就越多。

二、能量

猪的能量来源主要是碳水化合物，同时也有脂肪和蛋白质。在猪的生长过程中，当能量饲料过剩时，猪体把过多的碳水化合物转化为脂肪储存在体内；相反，如果能量饲料供应不足时，猪体内储备的脂肪甚至体蛋白都被用来作为能量供应，以维持其正常的生长发育。猪体维持生命、生长、发育、繁殖和进行各种生理活动都需要能量。三类物质在猪体内氧化释放出能量，用来维持体温、生理活动和进行生产活动。每克碳水化合物可生产热能 17.36MJ，每克脂肪可产生热能 39.08MJ，每克蛋白质可产生热能 23.285MJ。

碳水化合物包括淀粉、糖和纤维素类物质，前两种容易消化吸收，而且产热能高。粗纤维内除含有纤维素外，还含有少量的木质素。猪对粗纤维的消化能力极弱，如果日粮中粗纤维含量超过15％时，由于适口性差，会大大降低猪的饲料采食量。

三、矿物质

矿物质在动物体内具有确切的生理功能和代谢作用，猪体内如果缺乏矿物质，轻则生长停止，重则出现矿物质缺乏症，严重者可造成死亡。日粮供给不足或缺乏会导致缺乏症和生化变化。补给相应的矿物质元素缺乏症即可消失的，该矿物质元素称为必需矿物质元素，可以按体内含量不同分为常量矿物质元素和微量矿物质元素。

1. 常量矿物质元素　常量矿物质元素有钙、磷、钠、钾、氯、镁、硫等。

（1）钙、磷。钙、磷是构成骨骼与牙齿的主要成分，两者加在一起占猪体矿物质含量的 75％。日粮中缺乏钙、磷，或钙、磷比例不当，猪就会出现各种钙、磷缺乏症。

（2）镁。镁参与骨骼和牙齿的组成，作为酶的活化因子或直接参与酶组成，参与蛋白质和遗传物质 DNA、RNA 合成，调节神经肌肉兴奋性，保证神经肌肉的正常功能。猪对镁的需要量较低，日常饲料即可满足需要。仔猪日粮中镁的含量低于125mg/kg时可能产生缺乏，造成生长受阻，过度兴奋，痉挛，厌食，肌肉抽搐，甚至昏迷死亡。但是猪日粮中镁过量也会造成中毒，主要表现为昏睡、运动失调、拉稀、采食量下降、生产力降低，甚至死亡。

（3）钠、氯、钾。钠、氯、钾广泛存在于猪体的各种组织与乳汁中，对维持机体渗透压、调节酸碱平衡、控制水的代谢均有重要作用。日粮中缺钠会使猪对养分的利用率下降，而且影响母猪的繁殖性能，可能还是导致相互咬尾或其他同类相残现象的一个因素；日粮中缺钾，猪的食欲明显变差；日粮中缺氯，则导致猪的生长受阻。

（4）硫。动物体内约含0.15%的硫，少量以硫酸盐的形式存在于血液中，大部分以有机硫形式存在于肌肉组织和骨齿中。猪缺硫表现为消瘦，角、蹄、爪、毛、羽生长缓慢。

2. 微量矿物质元素 这类矿物质因需要量极少，并且在猪体内的含量仅占体重的0.01%以下，故称微量元素。常见的微量元素有铁、铜、锌、锰、碘、硒等。

（1）铁。猪体内65%的铁存在于血液中，它与血液中氧的运输和细胞内的生物氧化过程关系密切，一旦缺铁就容易发生营养性贫血症。

（2）铜。铜虽然不是血红素的组成成分，但它在血红素与红细胞的形成过程中起催化作用。铜除与造血有关外，还与骨髓发育、中枢神经系统的正常代谢有关，也是肌肉内各种酶的组成成分与活化剂。

（3）锌。猪缺锌会使皮肤抵抗力下降，发生皮肤角化不全、结痂、脱毛、食欲减退、日增重下降、饲料利用率降低等症；母猪则产仔数减少，仔猪初生重下降，泌乳量减少。

（4）锰。锰是几种重要生物催化剂的组成部分，与激素的关系十分密切。它对发情，排卵，胚胎、乳房及骨骼发育，泌乳及生长都有影响。猪缺锰会导致骨骼变形，生长缓慢，性机能衰退。

（5）碘。碘是合成甲状腺素的主要成分。如果妊娠母猪日粮中缺碘，所产仔猪颈大、无毛或少毛、皮肤粗厚并有黏液性水肿，大多数仔猪出生时还存活着，甚至体重大于健康猪，但是身体虚弱，经常在出生后几天内陆续死亡，成活率较低。

（6）硒。硒是猪生命活动必需的元素之一。经调查发现，我国东北、西北及山东不少地区的土壤和饲料中常有缺硒的情况。用缺硒的饲料喂猪容易发生缺硒症。

硒对繁殖猪的作用与维生素 E 相似，补饲可降低猪对维生素 E 的需要量，并减轻因维生素 E 缺乏给猪带来的损失。硒与维生素 E 的代谢关系密切，当猪同时缺乏维生素 E 和硒时，缺硒症会很快表现出来；硒不足，但维生素 E 充足，猪的缺硒症则不容易表现出来。

四、维生素

目前已确定的维生素按照溶解性可分为脂溶性和水溶性两大类。

1. 脂溶性维生素　是指维生素 A、维生素 D、维生素 E、维生素 K 4 种，它们主要由碳、氢、氧元素组成。

（1）维生素 A。能保护黏膜上皮的健康，保持正常的生殖机能，促进生长发育，维持呼吸系统与视神经系统的健康。缺乏时导致猪的食欲减退，发生夜盲症；仔猪则生长停止，眼睑肿胀，皮毛干枯，易患肺炎；母猪不发情或发情微弱，容易流产、生死胎、产无眼球仔猪；公猪则性欲不强，精液品质不良。

（2）维生素 D。能降低肠道 pH，促进对钙、磷的吸收，保证骨骼的正常发育。饲料内钙、磷含量充足，比例也合适，但如果维生素 D 含量不足，也会影响对钙、磷的吸收利用，产生钙、磷缺乏症。

（3）维生素 E。能保持猪的正常生殖机能，并有抗氧化作用。缺乏时导致公猪的射精量减少，精子活力下降，严重时睾丸萎缩退化，不产生精子；母猪则受胎率下降，受胎后胚胎发育易被吸收或中途流产或产死胎；幼猪则发生白肌病，严重时突然死亡。

（4）维生素K。维生素K与凝血作用有关。缺乏时导致凝血时间延长，血尿与呼吸异常，仔猪发生全身性皮下出血。

2. 水溶性维生素 是指B族维生素和维生素C。

（1）维生素B_1。缺乏则出现食欲减退、胃肠机能紊乱、心肌萎缩或坏死，神经发生炎症、疼痛、痉挛等。

（2）维生素B_2。可提高饲料利用率。缺乏时导致猪的食欲不振，生长停止，皮毛粗糙，有时有皮屑、溃疡及脂肪溢出的现象，眼角分泌物增多；母猪则怀孕期缩短，胚胎早期死亡，泌乳力下降；公猪则睾丸萎缩。有时会出现所产仔猪全部死亡，或产后48h死亡的现象。当猪舍寒冷时，猪的维生素B_2需要量就会增加。

（3）维生素B_5（泛酸）。当猪缺乏维生素B_5时常患皮肤脱落性皮炎，食欲下降或消失，下痢，后肢肌肉麻痹，唇舌有溃疡性病变，贫血，大肠有溃疡性病变，心肝及体重减轻，呕吐。

（4）维生素C。参与氧化和还原过程，对胶原蛋白、细胞间质、神经递质（如去甲肾上腺素等）的合成、类固醇的羟化、氨基酸代谢、抗体及红细胞的生成等均有重要作用，防止坏血病。

五、水

缺水或饮水不足危害极大，体内水分减少8%时出现严重干渴，食欲丧失，消化作用减慢；减少到10%时会导致严重的代谢紊乱，减少20%时会导致死亡。猪可以从以下三方面获得水：一是碳水化合物、脂肪与蛋白质分解产生的代谢水；二是饲料本身含的水；三是饮水。其中饮水占进水量的绝大部分。

第九章　疾病与防疫

第一节　猪场消毒作业

规范消毒作业是为了减少生活区、生产区的病原微生物种类及数量，防止传染病的发生。

一、外围消毒

首先要对进出车辆进行消毒，用于车辆消毒的消毒池必须保持25～30cm深的3%烧碱消毒液，消毒液夏季每周更换一次，其余季节半月更换一次，分别由相关部门指定负责人；对人或人用车辆（自行车、电动车）小门消毒池，应有浸透消毒液的麻袋或池底保持0.5cm深度的有效消毒液，每周更换一次。运猪车辆一律不准进入生产区，限制于出猪台周围。凡运输鲜活畜禽、肉类及其粪便的车辆一律不准进入场内。运输饲料的车辆进出要经过消毒池彻底消毒，再对车身及底盘进行高压喷雾消毒才能进入场内。

外来车辆一律停靠在办公区或大门外面，杜绝进入生产区。生产区内的送饲料车辆和拉猪粪车辆要分开，正常情况下，生产区内的车辆一律不准开出生产区。

人员的消毒贵在坚持，精在到位。为消除外来污染源，生产区员工在休假回场或外出办事期间，接触过场外牲畜的应在生活区净化24h后经沐浴更衣才能进入生产区复工。生产区内的工作人员不能到场外给动物诊治，不能到屠场、屠户家串门，不能到肉菜市场。避免从场外购买猪、牛、羊肉及其加工制品带入场内。

工作人员进出猪舍时必须通过消毒盆消毒鞋底，进入生产区之前，必须更换工作服、胶鞋，不将报纸信件、食物等私人物品带进生产区内，减少各岗位饲养员到其他岗位串走、聊天等，特别是本岗位有疫病的时候，禁止串岗。

维修人员外出归来后，隔离24h方可进入生产区施工。应在指定的场所食宿和会客，工作时，不到本场办公楼和员工宿舍等地方行走。禁止从场外把牲畜、肉类及其制品带入场内食用。进入生产区前，必须到指定的更衣室换上工作服和胶鞋，鞋底经消毒池消毒后方可进入生产区。除建筑与维修工具外，其他交通工具和一切私人物品不得带入生产区。进入生产区后，只能在指定的路线通行和指定的地点作业，不得随意走动。离开生产区时，必须将所穿的工作服和胶鞋放回更衣室，不得穿回生活区。

家属及来访人员，入场必须经过门岗小消毒池消毒鞋底，并在指定的地方会客住宿，不能进入生产区。员工家属不得随意进出生产区。原则上谢绝进入生产区参观。确有业务需要入场者，需经场长批准由专人陪同方可进入生产区。参观人员必须要遵守场内防疫制度，不得私自随意走动。

二、猪舍消毒

猪舍的消毒是一个全面和细致的工作，配种怀孕舍每周至少消毒一次。分娩保育舍每周至少消毒两次，育肥舍每周至少消毒两次。猪舍过道及栏内每天打扫两次，及时清除遗留粪便和杂物。每栋猪舍配备专用打扫工具，不得带到别的猪舍，更不得外借。猪舍门口消毒盆内消毒液需每周更换两次。如发生传染性疾病，必须加强消毒次数，每天或隔日消毒。

空栏消毒，按照消毒→干洗→浸润→冲洗→消毒→复原程序进行。消毒：使用广谱高效消毒剂，对猪舍内所有表面、设备等进行喷雾消毒。干洗：清除剩料，彻底清理粪便及杂物，对墙面、顶棚、水管等处的灰尘进行彻底清理，并检查设备是否有损坏，如有损坏及时修理，修理结束后再清扫。浸润：对猪舍地面、栏杆及料线等部位用低压水喷洒，并保证充分浸润，时间在30～45min。冲洗：使用高压冲洗机，由上至下彻底冲洗棚顶、料线、墙壁、栏架、地面、漏空板等；对墙角、料槽和料线拐角及漏空板缝隙等处需用刷子冲洗；对电线及灯泡使用抹布擦洗干净。消毒：干燥后，使用广谱高效消毒剂，对猪舍内所有表面、设备等进行喷雾或低压冲洗消毒。复原：恢复原来猪舍布置，做好进猪前的准备，并进行第二次消毒，在进猪前 1d 再喷雾消毒（建议进行熏蒸消毒，可用福尔马林、高锰酸钾等）。

对猪群的消毒也是控制疾病的措施，每周定期进行两次常规消毒。消毒药应选用氯制剂、碘制剂、酚类、酸类等，轮流交叉使用。带猪消毒前必须对猪身与栏舍冲洗干净，然后再喷洒消毒液，消毒液要求气雾化、喷洒均匀。妊娠母猪分娩前 1 周，冲净猪身，用常规浓度的消毒液喷淋消毒猪身后转入消毒清洁的产房。临产母猪分娩前用低浓度、低刺激性的消毒药（高锰酸钾）消毒产床后部，清洗母猪臀部及乳房等。如发生传染病，每天或隔日对猪群消毒一次，消毒前必须彻底清扫干净。

三、场区消毒

场区的消毒，对几个功能区分别进行，生活区及办公区地面卫生由各自清理，保证阳台及过道清洁；楼梯及一楼过道每周清理一次，由所在楼层宿舍员工轮流进行。每月消毒一次，不定期地进行灭蚊、灭蝇、除草等。生产区如发现围墙、铁丝网损坏时，应立即维修，以防外来人员进入。各部门的药房及办公室定期清扫、消毒；赶猪道及各猪舍过道需及时清理，每周打扫一次，定期消毒。进生产区的消毒池，保持 15cm 深度的消毒液，每周更换一次，确保消毒效果有效。

分部门包干卫生区，自觉做好规定范围内的清洁卫生，定期清除杂草、杂物，疏通水沟，每季度一次；每周打扫一次，每月消毒一次。

无害化处理池及猪粪池，每周定期进行两次喷雾灭蝇，消毒药用敌百虫烧碱溶液喷雾（浓度：敌百虫 2%、烧碱 2%）。装倒猪粪的斗车避免装得过满溢出污染道路。斗车与铁铲倒完猪粪后应在指定地点清洗消毒。工具和饲具等尽量专用，搞好场内环境绿化工作。

在等待售猪和出猪台的场所，生产人员严禁与购猪人员和运猪车辆直接接触，运猪车辆进入出猪台要彻底消毒。员工每次出完猪后要彻底消毒鞋底、洗手，如工作服脏了要换掉才能进入场内。出猪台及周围的地方、磅台、走道等应在每次出猪后彻底消毒。

生产区出售猪群，只能是单向流动，如在出猪后发现质量不合格或摔落在地上的猪，要淘汰处理，不得返回车间。在出猪仓的猪，一经装入场外的运猪车后，不得返回出猪仓。猪出售时，外来购猪人员只能在观察室或出猪仓指定地点观察和监磅，不得四处走动，更不得进入生产区或出猪仓。

更衣室内设第一更衣室、浴室及第二更衣室。第一更衣室衣柜放工作人员私人衣物，第二更衣室衣柜放车间内干净工作服，水鞋放在第二更衣室门口鞋架上；衣柜按工作人员编号分开放置；工作人员可把自己的衣物放入并上锁，禁止乱穿他人的工作服及水鞋。进入更衣室在第一更衣室换下所有身上衣物及鞋，然后穿着第一更衣室专用拖鞋在浴室从头到脚彻底沐浴（留长发的女员工可不淋头，但一定要戴工作帽上班）；再到第二更衣室换上车间专用工作服，换下拖鞋穿上水鞋，踩过消毒池，在洗手盆内洗手，方准进入车间。

工作服每人要配备 2～3 套，要讲究个人卫生，工作服经常换洗。更衣室要有卫生值班人员，负责室内卫生工作，检查工作服和胶鞋是否干净，每天下午下班后工作服用紫外线照射消毒。更衣室出入门口浴足消毒池及洗手盆，每周更换消毒液 2～3 次。保持消毒池（盆中）有足量消毒液。

四、特定处理

污水和粪便也要消毒处理，污水将通过污水处理站过滤消毒，达到国家标准后排放。现代化养猪场粪便处理尽量用干清粪模式，即干粪清理，尿液主要通过污水处理和化学消毒处理、发酵池处理等。

现代化养猪场在许多情况下，需要特定消毒，如转群或调群时，必须将过道及用具进行消毒处理；在断尾、剪牙、注射等前后，需对器械及术部进行消毒；去势时，切口部位要用70%～75%酒精消毒，结束后刀口处再涂以5%碘酊。在手术时，要进行手术消毒，手术部位先用清水冲洗干净，然后涂擦5%碘酊，再用70%～75%酒精消毒，干燥后方可实施手术，术后刀口处再涂以5%碘酊。手术刀、注射器、缝合针等需用高压灭菌锅灭菌处理，也可用70%～75%酒精浸泡消毒，器械必须每天消毒一次。母猪有临产征兆时，要将栏舍及母猪臀部、乳房清洗干净，仔猪断脐后要涂擦5%碘酊。产房麻袋必须及时更换清洗消毒，用于垫层的麻袋需隔天更换，准备充足的干净麻袋。平时做好消毒记录，记录消毒时间、猪舍号、消毒剂及使用浓度等。

消毒药的常规配制方法见表9-1，消毒药每季度更换一次，具体操作见表9-2。

表9-1 消毒药的常规配制方法

消毒药	包装规格	常规消毒		猪体消毒		用途
		浓度	配制方法（$1m^3$水）	浓度	1桶水（25kg）	
碘		0.2%	2L	0.25%	0.062L	栏舍消毒、猪体消毒
过氧乙酸	25kg/桶（甲、乙液）	0.5%	5L	0.2%	0.125L	栏舍及内外环境消毒
烧碱	25kg/包	2%	0.5kg			猪舍入口消毒池浸泡消毒
百胜-30	5L/桶	0.1%～0.5%	1～5L	0.1%	0.062 5L	猪舍、猪体、手术消毒
10%癸甲溴铵溶液	5L/瓶、1L/瓶	0.062 5%～0.125%	0.625～1.25L	0.05%～0.25%	0.031 2L	猪舍、器械及猪体消毒

表 9-2　消毒药更换操作

	带猪消毒	空栏及环境消毒	人员及车辆消毒	出入口消毒	剪牙、断尾等小环境消毒
第一季度	含氯制剂卤素类	含氯制剂卤素类	含氯制剂卤素类、酚类	含氯制剂卤素类	含碘制剂卤素类
第二季度	季铵盐类	季铵盐类	季铵盐类	季铵盐类	其他类
第三季度	含碘制剂卤素类	碱类	酚类、碱类	碱类	含碘制剂卤素类
第四季度	醛类	过氧化物类	酚类、过氧化物类	过氧化物类	其他类

五、常用消毒药的种类与性质

1. 石炭酸（酚）**类**　此类消毒剂属石油化学的附属品，如煤馏油酚、皂化煤馏油酚等，有特殊的气味，渗透力强，价廉，不受有机物的影响，对一般的霉菌、细菌效果尚可，但对病毒、梭菌的芽孢杀灭力不良，且具有腐蚀性和刺激性。一般适用于门口、水泥、砖砌的畜舍空栏、水沟及堆肥场的消毒。

2. 碱类　常用的有烧碱（94%以上的 NaOH）、生石灰、石灰乳。一般养猪场最常用的是烧碱，因其价廉、稳定性好，能迅速渗入畜禽栏缝及粪尿等有机物中，具膨胀、去污作用，能达到脱污、清洁，兼杀细菌、病毒、虫卵的功用。一般清洗栏舍、饲槽等时，可用碱水淋湿浸泡后再冲洗，尚可加在大门口人、车进出的大水池和畜禽舍门口的踏脚槽中。因其腐蚀性强，需空栏使用；生石灰也是一种价廉的碱性消毒剂，具有吸湿、除臭、杀菌的功能，多使用在易潮湿的畜舍栏的死角位置，畜舍门口的踏脚或掩埋死尸时覆盖杀菌等；另以 1 份生石灰，加 5 份水，配作石灰乳，可用于消毒粪尿及污水等，有除臭及干涸的效果。需注意的是，市面上销售建筑用的熟石灰（及消石灰），无杀毒灭菌的功能。

3. 醛类　常用的醛类消毒剂为甲醛与戊二醛。甲醛具有极强的杀菌作用，与氧化剂结合后所产生的气体作熏蒸消毒，是密闭型腾空畜舍的最佳消毒剂。但刺激气味大，对皮肤、黏膜刺激强烈，多用于浸泡、熏蒸消毒；戊二醛气味较少，杀菌作用较甲醛强 2～10 倍，渗透能力强，对任何细菌、病毒、霉菌及顽固的芽孢等有杀灭作用，但对碳钢制品有一定的损害，可用于带畜消毒，空栏、洗手、用具、运输车辆、畜禽舍踏脚槽等的消毒也可用，还可用于熏蒸消毒，因其不宜在物体表面聚合，故效果优于甲醛。

4. 季铵盐类 季铵盐类消毒剂是一种离子表面活性剂，属于合成的有机化合物，有单链季铵盐（如苯扎溴铵等）和双链季铵盐（如癸甲溴铵等）两种。单链季铵盐属阳离子表面活性剂，在阳离子部位具有杀菌能力，无刺鼻味、药性温和、安定性高、腐蚀性低，对畜禽伤害低，对细菌病毒杀灭力尚可，但渗透力差，有机物存在时，效力会大打折扣；双链季铵盐在阴、阳离子部位均具杀菌能力，具有单链季铵盐的一系列优点，且杀菌能力较单链季铵盐强，但渗透力差。此类消毒剂可用于带畜消毒，也可用于畜禽舍空栏、洗手、用具、运输车辆、进出口踏脚槽等的消毒。

5. 卤素类 此类消毒剂主要包括两类制品。

（1）含氯制剂。即漂白粉、二氧化氯、次氯酸钠等，该种类的消毒剂杀菌谱广，对细菌繁殖体、病毒、真菌孢子及细菌芽孢都有杀灭作用，但挥发性大，有氯气的臭味，对黏膜有刺激性，一般都不宜久存。可用于饮水消毒，也可用于畜禽舍、用具、运输车辆、洗手等的消毒。

（2）含碘制剂。碘、碘伏等，如市售的有百菌消、碘伏-10、百胜-50 等。此类消毒剂杀菌谱广，对细菌芽孢、病毒、原虫、霉菌等的杀灭效果佳。对黏膜刺激性小、毒性低，但有机物存在时效力减弱。可制成碘酊或碘液对皮肤、伤口消毒，也可用于带畜消毒，畜禽舍空栏、洗手、用具、运输车辆等的消毒也可用。

6. 过氧化物类 过氧乙酸、过氧化氢与臭氧为国内常见的过氧化物类消毒剂。其中，过氧乙酸的杀菌能力最强，使用最广泛。该类消毒剂杀菌谱广，对细菌芽孢、病毒、霉菌等均具杀灭效果，但有刺激性酸味，易挥发，有机物存在可降低其杀菌效果，对畜禽栏舍有一定的腐蚀性。常用于浸泡、喷洒、擦抹、喷雾等的消毒，也可用于空栏消毒。

7. 其他类 如75%酒精、碘酒、红药水、紫药水等。可供去势、剪耳、断尾及外伤、局部伤口等的杀菌与消毒。

第二节 猪场卫生防疫

为了贯彻“预防为主，防治结合，防重于治”的原则，减少、杜绝疫病的发生，确保养猪生产的顺利进行，以向养殖场（户）提供优质健康的种猪或合格的商品猪。现代化猪场对卫生防疫工作要求较高。从场长开始，全场员工承担负责总体兽医卫生防疫工作的责任，提高防疫工作的思想认识，自觉遵守防疫制度。

每月猪场至少召开一次兽医工作会议，做到疫病天天查，防疫注射经常查，防疫制度定期查，重大疫情不发生，将常见疾病消灭于萌芽状态。饲养员须严格遵守兽医防疫制度，切实做好防疫消毒工作，发现疫情或疑点立即上报。

一、人员及车辆的防疫

对全场防疫区域进行划分，猪场一般分生产区和非生产区。生产区包括养猪车间、出猪台、解剖室、兽医室、精液处理室、仓库、更衣室、污水处理区等。非生产区包括办公室、食堂、宿舍等。非生产区工作人员及车辆确有需要进入生产区，严格消毒后，只可在指定范围内活动。

公司员工外出回场后需隔离换服装。外来人员入场需登记，杜绝不明身份的闲杂人员入场，防疫期间杜绝非公务的外来人员来访。入场车辆进入场门口时要作车身外表喷雾消毒，消毒液配后3d内未用完则须再添加消毒药。门口消毒池按规定每周定期更换消毒药一次，做好登记，兽医人员要不定时检查监督。

严格把好出猪关，买猪客户（尤其是个体户）、运猪车辆等是携带外源性病原微生物最直接的危险因素。买种猪客户要挑猪，市场部人员要提供工作服及雨靴，并派人带领到指定地点外挑猪，个体买猪客户不准进场。卖猪工作人员避免踏上客户运猪车，赶入运猪车的猪不能赶回，装完猪后，要彻底冲洗消毒赶猪通道及出猪台，污染的工作服、雨靴及赶猪板等必须严格消毒后才能返回出猪仓。禁止买猪客户装猪时走上出猪台；财务人员收取客户现金后，必须洗手消毒。

生活区大门应设脚踏消毒门岗，全场员工及外来人员入场时，均应通过消毒门岗，消毒液每周定期更换两次。每月定期对生活区及其环境进行一次大清洁、消毒、灭鼠、灭蝇。不从场外购买猪、牛、羊肉及其加工制品入场，场内职工及其家属不能在场内饲养禽畜或宠物（如猫、狗）。饲养员在场内宿舍居住，不随便外出，场内技术人员不到场外出诊，不去屠宰场、屠宰户或其他猪场、养猪户（家）逗留。员工休假回场或新招员工要在生活区隔离 2d 后方可进入生产区工作。

场内员工统一去食堂就餐，减少在宿舍区做饭，不到场外市场购买牲畜肉品及其制品回场，食堂为公共场所，必须彻底做好清洁和定期消毒的工作。

生产区的防疫制度：生产区门口消毒池及更衣室落实消毒制度，定期检查监督。明确更衣室的更衣制度，第一更衣室放生产区外的衣服、鞋，在浴室淋浴要彻底（包括洗头），第二更衣室放工作服，工作人员拖鞋仅能在浴室及第二更衣室内使用。送入生产区的一切物品（包括各种物资及工具），必须经过专人检查消毒处理后方可带入生产区。非本生产区员工及车辆，要进入生产区均需得到批准，并做好更衣、消毒工作后方可进入。

严格猪群淘汰制度，病猪或康复猪本身就是疾病的携带者和传播者，各阶段猪群病、残、瘦弱、老龄猪必须及时淘汰。执行全进全出制度，猪舍实施全进全出，目的是防止病原从老龄猪传播到敏感的幼小猪。

饲养员清除粪便工作，铲粪工具不得随意带出猪舍，扫把及铁锹进出猪舍要清洗消毒。运输饲料进入生产区的车辆要彻底消毒。运猪车辆出入生产区、隔离舍、出猪台要彻底消毒。车辆司机不许离开驾驶室与场内人员接触，随车装卸工要同生产区人员一样更衣换鞋消毒；车间工作人员严禁进入驾驶室。

二、引进猪防疫制度

引种前，对出售种猪场，必须进行疫情调查，包括以往发生过哪些疫病、发生时间、流行情况、诊疗情况、防制措施等。如果出售种猪场曾出现过某些烈性传染病，应慎重引种。坚持本场检疫制度，临床观察引进种猪精神、外貌、健康状况，必要时进行实验室检验，并严格检查免疫记录。

引进后，应针对本场实际情况，对种猪进行疫苗补注和重注。如国外引种，还应委托国家质量监督检验检疫总局动植物检疫监管司根据该国疫情增加检查项目，检验为阴性者，方可引进。从外地购入种猪，必须经过检疫，并在猪场隔离舍饲养观察 45d，确认为无传染病的健康猪，并进行疫苗补注和重注，经过清洗并彻底消毒后方可进入生产区。

三、做好防鼠灭虫工作

防止鼠类进入建筑物（即猪舍、药房、仓库等地方），发现猪舍有缝隙、漏洞等，必须及时堵上；门窗关闭严密，防止老鼠进入。猪舍卫生及时清理，物品摆放整齐，周围垃圾杂物及时清除，保证场所的整齐、明亮，使老鼠不易藏身。切断鼠类食物来源，饲料仓库及猪舍饲料存放在离地面一定距离的地方，及时清理遗漏饲料。

灭鼠不能间断，采用简单易行的灭鼠器械，放在过道及仓库角落等老鼠容易活动的地方，并定时检查。药物灭鼠，包括药物熏蒸剂添加到饵料中灭鼠，选择使用方便、成本低、见效快的药物拌入饵料投放在老鼠经常出没的地方，并及时检查。

搞好环境卫生，保持猪舍清洁、过道干燥，及时清理栏内粪便等。及时清理污水、积水等，定期对蓄水池进行换水，不定期地修整植被覆盖区。化学杀灭蚊蝇等，定期对过道、赶猪道等进行消毒清扫。

常用的化学灭鼠药见表 9－3，常用的杀虫剂见表 9－4。

表 9－3　常用化学灭鼠药物及特性

分　类	商品名称	配方及浓度	安全性
慢性灭鼠剂	特杀鼠 2 号（复方灭鼠剂）	浓度 0.05%～1%，浸渍或混合配制饵料，也可制成毒水使用	安全，有特效解毒剂
	特杀鼠 3 号	浓度 0.005%～0.01%，浸渍或混合配制饵料	安全，有特效解毒剂
	敌鼠（二苯杀鼠酮）	浓度 0.05%～0.3%，黏附法配制饵料	安全，对猫、狗有一定危险，有特效解毒剂
	敌鼠钠盐	浓度 0.05%～0.3%，配制成毒水	安全，对猫、狗有一定危险，有特效解毒剂
	杀鼠灵	浓度 0.025%～0.05%，黏附法、混合法配制饵料	猫、狗和猪敏感，有特效解毒剂
	杀鼠迷	浓度 0.037 5%～0.075%，浸渍或混合配制饵料	安全，有特效解毒剂
	大隆（杀鼠隆）	浓度 0.001%～0.005%，浸泡法配制饵料	不太安全，有特效解毒剂
	溴敌隆（乐万通）	浓度 0.005%～0.01%，黏附法、混合法配制饵料	猫、狗、猪等注意安全，有特效解毒剂
急性灭鼠剂	磷化锌（耗鼠净）	浓度 0.5%～1%，混合法配制饵料	高毒，无特效解毒剂
	毒鼠磷	浓度 0.1%～1%，黏附法、混合法配制饵料	高毒，猪、肉食小动物耐药，对人毒性小
	鼠特灵	浓度 0.5%～1%，黏附法、混合法配制饵料	比较安全

表 9-4　常用杀虫剂的性能及使用方法

名　称	性　状	防治对象	使用方法及特性
敌百虫	白色块状或粉末，有芳香味	蚊、蝇、蚤、蟑螂及家畜体表寄生虫	25%粉剂撒布，1%喷雾，0.1%体表涂擦，0.02g/kg口服驱除体内寄生虫；低毒，易分解，污染小
敌敌畏	黄色，油状液体，微芳香	蚊、蝇、蚤、蟑螂、螨、蜱	0.1%～0.5%喷雾，10%熏蒸，易被皮肤吸收而中毒，对人畜有较大危害，使用时注意安全
马拉硫磷	棕色，油状液体，强烈臭味	蚊、蝇、蚤、蟑螂、螨	0.2%～0.5%乳油喷雾，灭蚊、蚤；3%粉剂喷洒灭螨、蜱；对人畜毒害小，适于猪舍内使用，是世界卫生组织推荐的市内滞留喷洒杀虫剂
倍硫磷	棕色，油状液体，蒜臭味	蚊、蝇、蚤、臭虫、螨、蜱	0.1%乳剂喷洒，2%粉剂、颗粒剂喷洒、撒布；毒性中等，比较安全
害虫敌	淡黄色，油状液体	蚊、蝇、蚤、蟑螂、螨、蜱	2.5%稀释液喷洒，2%粉剂撒布，2%气雾；低毒
杀虫畏	白色固体，有臭味	家蝇及家畜体表寄生虫	20%乳剂喷洒或涂布家畜体表，50%粉剂喷洒；微毒
西维因	灰褐色粉末	蚊、蝇、臭虫、蜱	25%可湿性粉剂和5%粉剂撒布、喷洒；低毒
毒死蜱	白色结晶粉末	蚊、蝇、螨、蟑螂及仓储害虫	剂量按 $2g/m^2$ 喷洒物体表面，中等毒性
丙烯菊酯	淡黄色，油状液体	各种昆虫	0.5%粉剂，含0.6%丙烯菊酯的蚊香，与其他杀虫剂配合使用；低毒

第三节　猪群免疫

现代养猪业贯彻“预防为主，养防结合，防重于治”的方针，严格执行免疫程序，有效控制疫病传播，保证生产正常。

现代猪场的常规免疫，免疫程序结合生产经验制订。每年的3月通过检测血清抗体消长和结合本场的疫病情况，根据本场发病史及本地区流行病特点制订合理的免疫程序。

一旦发生疫情需要紧急免疫，经抗体检测不合格的需要补免，紧急免疫对象为有典型症状或类似症状的猪，未发现任何症状但与病猪有直接或间接接触的可疑感染猪，以及与病猪距离较近的其他易感染猪。紧急免疫时，针头必须注射一头猪更换一个针头。

一、疫苗的保存、稀释和发放

为保证疫苗免疫的效果，疫苗的保存、稀释和发放各个环节，都要注意；疫苗运输要使用专用疫苗箱，里面放置冰块，并尽量减少疫苗运输途中的时间。疫苗的采购要经严格验收才能进仓储存，每周要盘点本周入仓数、使用数和储存数，每月最后一周周末要盘点汇总。疫苗统一保存在仓库，由专门人员负责，平时要经常检查冰箱是否正常运转，确保疫苗保存效果。各种疫苗要按规定进行保存，凡是过期、变质、失效的疫苗禁止使用。

一般冻干疫苗（弱毒苗）需冰冻保存，灭活苗（液体油苗）需4～8℃保存。疫苗使用要坚持生产日期早的先用，使用前要检查疫苗的质量，如颜色、包装、生产日期、批号。疫苗稀释按说明操作。一般细菌苗用铝胶水或铝胶生理盐水稀释，病毒苗用专用稀释液或生理盐水稀释。冻干疫苗（弱毒苗）稀释时要检查是否真空，不是真空的疫苗不能使用。灭活苗（液体油苗）不能冻结，要检查是否有大量沉淀、分层等，如有以上现象则不能使用。

用过的疫苗瓶及未用完的疫苗应作无害化处理，如有效消毒水浸泡、高温蒸煮、焚烧、深埋等。领取疫苗时，应置于放有冰块的泡沫箱内遮光保存。疫苗发放要详细记录，主要记录内容有发放时间、疫苗名称、疫苗生产日期、疫苗批号、疫苗使用数量和被免疫猪群的类别、头数及部门、猪舍栋数等，最后领用人签名。

二、免疫接种前的操作规程

接种人员要了解接种的目的和免疫程序，掌握疫苗的用途、用法、免疫期、保存条件、注意事项，以及猪群应激反应的抢救方法，并熟悉接种技术。器械和药物的准备要充足，如注射器、针头、消毒药、疫苗、稀释液、疫苗保存箱、急救药等。将免疫接种所需的各种器械严格消毒。

1. 器械准备 将注射器、针头等用清水冲洗干净，注射器抽出针筒，检查针头是否有堵塞等。

2. 消毒 使用高压灭菌锅灭菌消毒，待冷却后，保存备用。人员消毒及携带疫苗：免疫接种人员的双手要用消毒液洗刷干净后，再用75％酒精消毒，穿着干净的工作服，再进行接种免疫；疫苗携带时要使用专门的冷藏包，并放有冰袋。

三、免疫接种时的操作程序

1. 阅读说明书 认真阅读疫苗使用说明书，了解用量、接种方法、疫苗批号、生产厂家等。

2. 检查疫苗 检查疫苗的外在质量，疫苗瓶是否有裂缝，瓶塞是否密封不严，液态疫苗是否冷冻，疫苗瓶是否真空，标签是否清晰等，凡是出现以上现象的一律不准使用。

3. 疫苗保存 各部门领取疫苗时，应于泡沫箱内加冰块遮光保存。

4. 疫苗稀释 疫苗的稀释及稀释倍数必须严格按照使用说明或规定进行操作；冷冻疫苗不能直接从冰箱取出马上直接注射，并且要与稀释液等温再注射。疫苗稀释后必须在2h内使用完，液体制剂疫苗使用前应充分摇匀，每次吸苗前再充分摇匀，以免影响疫苗免疫效力或发生不安全事故。如猪瘟疫苗稀释后在气温15℃以下时4h内用完，气温15～25℃时2h内用完，25℃以上时1h内用完。

5. 注射器要求　一支注射器不能混合吸取多种疫苗，同时接种两种疫苗时，注射器必须分开，而且注射部位也必须分两侧颈部注射。

6. 针头的更换　种猪每注射一头必须更换一个针头；仔猪、保育猪每注射一窝须更换一次针头；吸取疫苗时，绝不使用已注射用过的针头；疫苗吸取不能一次性吸完时，不要把插入瓶内的针头拔出，以便继续吸取。

7. 疫苗注射　严禁使用粗短针头和打飞针。如打了飞针或注射部位流血，一定要补一针疫苗。

四、免疫接种操作

1. 注射部位　一般采用颈部肌内注射，正确的注射部位位于耳后5～7cm，靠近耳根最高处的松皮皱褶部与紧皮交接处，不能太靠后或太低，进针时针头与皮肤成90°。

2. 注射后观察　免疫接种30min内，详细观察有无过敏反应，出现过敏反应严重的猪，可使用地塞米松或阿托品脱敏，以免导致死亡。

3. 疫苗接种过程　必须待猪安定后再接种疫苗，防止漏接、重接疫苗或打飞针的现象。避免在环境恶劣或剧变时接种，避免猪移动或转群、并栏时接种。防止各种环境应激。

4. 注射操作　注射时，要掌握刺入深度，以免刺入太深刺伤组织，或是刺入太浅将疫苗注入皮下脂肪导致免疫失败。

5. 注射剂量　注射剂量严格按照规定进行，同时避免发生外漏现象。

6. 药物使用事项　免疫弱毒苗的前后7～10d内禁止使用抗生素和磺胺类药物，如果此期间使用过抗生素治疗病猪，待病猪康复后再注射一次该种菌苗。

7. 种猪免疫事项　生产母猪普免的疫苗如口蹄疫疫苗、乙型脑炎疫苗等，普免时产前、产后1周内的母猪暂不免疫，登记待产后15d时补免（可与细小灭活苗同时免疫）。

8. 其他事项 生产区严格按免疫程序执行免疫计划，若接种疫苗后，发现疫苗不够，应做好该批猪的登记，并上报兽医技术员安排此批猪的疫苗补接。

五、免疫接种后的操作规程

1. 免疫器械消毒 接种所使用的器械，如注射器、针头等洗净，高压灭菌消毒。

2. 剩余疫苗的处理 开启或稀释后的疫苗，当天未用完应消毒后废弃；未开启和未稀释的疫苗放回冰箱，下次接种时首先使用。

3. 药瓶处置 用完的疫苗瓶、棉球等应消毒后统一处理，禁止随意丢弃。

4. 记录档案 做好免疫记录，记录内容包括免疫接种时间、猪的类别、头数及部门、疫苗名称、疫苗生产日期、疫苗批号、疫苗数量，最后接种人签名，以备以后查看。记录需保存 1 年以上。免疫日报记录要规范，与公司发布的免疫和保健方案保持一致，如猪瘟弱毒苗（脾淋源）、高致病性猪繁殖与呼吸综合征活疫苗、猪口蹄疫 O 型合成肽疫苗等应记录为××头份/头，猪口蹄疫 O 型二价灭活苗、高致病性猪繁殖与呼吸综合征灭活疫苗等应记录为××毫升（mL）/头。

5. 免疫后检查 免疫接种后，要在一定时间内对被免疫猪群进行反应情况检查，详细记录其饮食、精神等情况，并抽查体温，对有反应的猪进行登记，严重的及时治疗。

6. 抗体监测 免疫接种后，抽查一定比例的接种猪群进行免疫监测，了解免疫效果，以便及时采取相应的补救措施。

六、免疫接种方案

免疫接种方案仅供参考，见表 9-5 至表 9-10。

表 9-5 种公猪的免疫方案

接种时间	疫苗名称	剂量	免疫方法	备注
每年 3 次	猪瘟活疫苗（脾淋源）	1 头份	肌内注射	
每年 4 次	猪口蹄疫 O 型二价灭活苗	2mL	肌内注射	
每年 3 次	伪狂犬病基因缺陷苗	1 头份	肌内注射	
每年 1 次	日本乙型脑炎弱毒苗	1 头份	肌内注射	
每年 4 次	高致病性猪繁殖与呼吸综合征活疫苗	1 头份	肌内注射	
每年 3 次	胃肠炎—腹泻二联苗	4mL	后海穴	

表 9-6 生产母猪的免疫方案

时间		疫苗名称	生产厂家	剂量
配种后 45d		非特别不注射疫苗		
配种后 50d	产前 9 周	猪传染性萎缩性鼻炎灭活苗	英特威	1 头份 2mL
配种后 60d	产前 8 周	高致病性猪繁殖与呼吸综合征活疫苗	勃林格	1 头份 2mL
配种后 70d（产前 45d）	产前 7 周	猪圆环病毒 2 型灭活苗	勃林格	1 头份 2mL
配种后 73d（产前 40d）	产前 6 周	猪传染性萎缩性鼻炎灭活苗	英特威	1 头份 2mL
配种后 78d（产前 35d）	产前 5 周	TGE/PED		1 头份 4mL
配种后 92d（产前 21d）	产前 3 周	大肠杆菌灭活苗	辉瑞	1 头份 2mL
配种后 98d（产前 15d）	产前 2 周	TGE/PED		1 头份 4mL
配种后 106d（产前 7d）	产前 1 周	多拉菌素	辉瑞	每 33kg 1mL
配种后 106d（产前 7d）	产前 1 周	药物添加防仔猪腹泻		
配种后 106d（产前 7d）	产前 1 周	转产房		

表 9-7　后备猪的免疫方案

（按引进日期算起）

接种时间	疫苗名称	剂量	免疫方法	备注
7d	猪口蹄疫O型二价灭活苗	2mL	肌内注射	每种疫苗各打两次，间隔1个月
14d	猪瘟活疫苗（脾淋源）	1头份	肌内注射	
21d	伪狂犬病基因缺陷苗	1头份	肌内注射	
28d	日本乙型脑炎弱毒苗	1头份	肌内注射	
35d	猪细小病毒灭活苗	2mL	肌内注射	
42d	高致病性猪繁殖与呼吸综合征活疫苗	1头份	肌内注射	
49d	猪圆环病毒灭活苗	1mL	肌内注射	
56d	胃肠炎—腹泻二联苗	4mL	后海穴	

表 9-8　育肥猪的免疫方案

日龄	疫苗名称	生产厂家	剂　量
1	抗生素	国产	口服2mL
3	富来血	加拿大	1mL
3	易速达	辉瑞	0.3mL
7	气喘病苗	辉瑞	1头份1mL
10	阉割		
14	高致病性猪繁殖与呼吸综合征活疫苗	勃林格	1头份2mL
21	猪圆环病毒灭活苗/气喘病苗	勃林格	1头份2mL
25	转群保健		
28	腹泻联苗		1头份1mL
35	猪瘟活疫苗（脾淋源）	天邦	1头份2mL
50	猪口蹄疫O型合成肽疫苗	上海申联	1头份2mL
60	伪狂犬病基因缺陷苗	勃林格	1头份2mL
67	猪瘟活疫苗（脾淋源）	健量	1头份2mL
70	转群		
80	猪口蹄疫O型合成肽疫苗	上海申联	1头份2mL
110	猪口蹄疫O型合成肽疫苗	上海申联	1头份2mL

表 9-9　猪接种疫苗所用针头标准

猪的类别	规格号	针头长度
7日龄仔猪	7号至9号	1.3cm
2～3周龄仔猪	12号	1.3cm
4～7周龄仔猪	12号	2.0cm
8周龄至育肥大猪	16号	2.0cm
后备猪、生产种猪	16号	2.5cm

表 9-10　常用疫苗的特点及用法

疫苗名称	特　　点	适用范围	使用方法	保存条件	注意事项
猪瘟兔化弱毒细胞活疫苗	乳白色或淡黄色海绵状疏松团块，稀释后成均匀的悬浮液；接种后4d产生免疫力	用于预防猪瘟，大猪、小猪均可使用	按照标签注明头份，每头份加入灭菌生理盐水1mL或2mL，大猪、小猪均皮下或肌内注射	－15℃以下保存18个月，0～8℃保存6个月；运输和使用过程中必须装在有冰块的冷藏包内	疫苗稀释后尽可能放在冷藏包内；疫苗最好在进食后2h或进食前注射；断奶后无母体抗体的仔猪注射一次即可
猪伪狂犬病活疫苗	白色至乳灰色海绵状疏松团块，稀释后迅速溶解，免疫期为6个月	用于预防猪的伪狂犬病	使用前充分摇匀；种猪每半年接种一次，后备母猪配种前和产前3周接种，育肥猪断奶接种一次	2～8℃保存，有效期为36个月	仅用于健康猪的接种；疫苗中含有新霉素；用专用稀释液稀释；屠宰前21d禁止使用
猪气喘灭活苗	淡棕色悬浮液，接种后21d产生免疫力，免疫期4～6个月	大、小仔猪及怀孕两个月以内妊娠母猪均可使用	用前充分摇匀，按照标签注射	2～8℃阴暗处保存，有效期为12个月	该疫苗禁止冷冻；开启后4h内用完

（续）

名称	特　　点	适用范围	使用方法	保存条件	注意事项
猪日本乙型脑炎弱毒苗	淡黄色海绵状疏松团块，稀释后成悬浮液；接种7d后产生免疫力；免疫期为12个月	用于预防猪乙型脑炎	在本病流行前1～2个月，按照标签注明的头份，用专门的稀释液稀释，皮下或肌内注射2mL	−15℃以下保存，有效期为18个月；运输和使用时，要放在装有冰块的冷藏箱内	必须使用专门的稀释液稀释；避免阳光照射和高温；开启后限于0.5h用完
猪细小病毒灭活苗	粉红色或微粉红色悬液，长期保存可呈现微粉黄色，但不影响使用	用于健康初产母猪和种公猪的免疫接种	初产母猪配种前2～4周，肌内注射2mL；种公猪8月龄首免，以后每年一次	4～10℃条件下避光保存，有效期为1年	疫苗若变成黄色不得使用；本疫苗只对细小病毒引起的母猪繁殖障碍有效
猪繁殖与呼吸综合征活毒苗	海绵状疏松的乳白色块状物，易溶解，无沉淀	用于预防和控制猪繁殖与呼吸综合征	肌内注射。种猪群：首次使用普免2次，间隔3～4周，维持免疫3～4次/年。后备猪：配种前免疫2次，于配种前4周和6～8周分别免疫。仔猪：断奶前1周免疫1次	2～8℃条件下，避光保存或运输，有效期为2年	屠宰前30d内禁止使用；目前还不能确定其对变异毒株的效果
猪O型口蹄疫灭活苗	乳白色或淡红色液体，略带黏滞状的均匀乳状液；注射25d产生免疫力，免疫期为6个月	遇到猪O型口蹄疫，大、小健康猪均可使用	耳根后肌肉深部注射；一般预防剂量：大、小猪均为1mL	2～8℃避光保存，不可冻结。运输和使用时避免阳光直射	首次使用时，要进行小范围试用观察；接种后要及时观察猪群不良反应；疫苗注射必须是深部肌肉

（续）

名称	特　点	适用范围	使用方法	保存条件	注意事项
猪传染性萎缩性鼻炎灭活苗	乳白色乳剂，为油包水剂；久置后少许抗原可能沉淀，振荡后为均质	用于各种健康猪群预防猪传染性萎缩性鼻炎	初次接种该疫苗的母猪，产前5～6周首次1头份，2～3周二免1头份；已经接种过该疫苗的母猪在产前2～4周免疫1头份。仔猪3～4周免疫1次1头份	2～8℃保存，有效期为2年；运输和使用时必须放在装有冰块的冷藏包内	防止疫苗冻结，使用时平衡至室温；使用前充分摇匀
猪传染性胃肠炎—流行性腹泻二联灭活苗	粉红色的均匀悬浮液；接种后2周产生免疫力，免疫期为6个月	用于预防猪传染性胃肠炎和流行性腹泻	接种途径为后海穴	4～8℃条件下避光保存，有效期为1年；运输和使用中防止高温和阳光直照	母猪接种要适当绑定，防止机械性流产；接种部位找准，避免注入直肠内
大肠杆菌病二联灭活苗	淡黄色海绵状疏松团块，加稀释液后迅速溶解	用于预防仔猪黄痢	按标签说明稀释，怀孕母猪产前21d左右接种	2～8℃条件下避光保存，有效期为1年	注射部位和剂量要准确；分娩后尽量让所有仔猪吃上初乳
猪圆环病毒疫苗		用于预防猪圆环病毒病	仔猪：2周龄起，免疫1头份（1mL）。种猪群：3次/年普免。后备母猪：配种前完成2次免疫，每次间隔30d	2～8℃条件下避光保存，有效期为18个月	

第四节 猪 驱 虫

控制、净化猪场寄生虫，使猪群不受体内外寄生虫的困扰，不但能提高饲料利用率和繁殖水平，也能保证健康、良好的生产秩序。制订驱虫药物添加方案，然后按驱虫药物添加方案在饲料中添加药物，简单易行。

一、驱虫方案

后备猪在饲料中添加药物进行驱虫。从其他公司引进1周内驱虫一次。本场后备猪，配种前驱除体内外寄生虫一次。成年公、母猪每季度驱虫一次，分别在每年的3月、6月、9月、12月通过饲料添加药物。猪舍与猪群驱虫消毒，由饲养员按兽医技术员的要求配制药物进行。及时收集驱虫后的粪便，进行生物热堆积发酵（外覆薄膜），防止虫卵扩散。保育舍仔猪：出保育舍前1周驱虫。

驱除体外寄生虫，每月对种猪和中大猪带体驱虫消毒一次。产房进猪前用1%～2%敌百虫等空栏驱虫消毒一次，临产母猪上产床前驱除体外寄生虫一次。

二、驱虫时的注意事项

掌握驱虫的时机和驱虫季节，熟悉各类寄生虫的生活史，冬季是驱虫的最好季节。为了便于猪群对驱虫药的吸收，达到理想的驱虫效果，可在食用驱虫药前禁食8～12h。猪群若出现药物中毒现象，应及时采取相应的急救措施。猪群驱虫后，紧接着要进行健胃，这样对猪增重效果最佳。驱虫时，必须加强猪舍环境中的灭虫工作，防止重复感染，同时，选择合适的驱虫药（表9-11）。

表 9-11　常用驱虫药的特点及使用

名　　称	主要药物	使用方法	注意事项
有机磷酸酯类	敌百虫、敌敌畏、哈罗松、蝇毒磷等，以敌百虫应用最广	敌百虫 80～100mg/kg 口服用药，对猪蛔虫、毛首线虫和食道口线虫有较好的驱除作用；按1%浓度对猪体表喷洒，对猪疥螨有一定的杀灭作用	敌百虫安全范围窄；禁止与碱性药物或碱性水质配合使用，否则易引起中毒；解毒应用阿托品或胆碱酯酶复活剂
大环内酯类	阿维菌素类：阿维菌素、伊维菌素、多拉菌素、埃普利诺菌素；杀蜡菌素类：摩西菌素、杀线虫菌素、杀螨菌素 D、杀螨菌素肟。应用最广泛的是伊维菌素	伊维菌素按每千克体重 0.3mg 皮下注射，按 1kg 饲料添加 20mg 内服，对猪蛔虫、食道口线虫、猪疥螨等有极佳的驱除作用；对毛首线虫有部分驱除作用	伊维菌素皮下注射有局部刺激作用
咪唑并噻唑类	主要有左旋咪唑和噻咪唑，规模化猪场应用最广的是左旋咪唑	通过内服、注射、皮肤涂擦等给药途径，对猪蛔虫驱除效果极佳，对食道口线虫效果良好，对毛首线虫效果不稳定	左旋咪唑可引起肝功能变化，有肝病患猪禁用
苯并咪唑类	主要有阿苯达唑、尼妥必敏、噻苯达、甲苯达唑、芬苯达唑、丙氧苯哒唑、氟苯哒唑等，阿苯达唑是目前应用最广的广谱、高效、低毒驱虫药	内服给药对常见的线虫、吸虫和绦虫均有效；按每千克体重 5～10mg 内服对猪蛔虫、毛首线虫等有良好的驱除作用	阿苯达唑有致畸作用，禁止大剂量连续使用
复方驱虫药	主要是由伊维菌素、阿苯达唑等组成的复方制剂	对猪场各种常见寄生虫起到双重杀灭作用，还扩宽了驱虫谱及抗寄生虫范围	同伊维菌素和阿苯达唑使用方法

三、国外主要药物商品名（仅供参考）

1. 通灭——多拉菌素注射液

（1）通用名。多拉菌素。

（2）商品名。通灭（dectomax）。

（3）性状。无色或微黄色澄明油状液体。

（4）药理作用。多拉菌素是由阿维链霉菌新菌株发酵产生的大环内酯类抗生素，是广谱抗寄生虫药，对体内外寄生虫特别是某些线虫（圆虫）类和节肢动物类具有良好的驱杀作用，但对绦虫、吸虫及原生动物无效。本品主要在于加强虫体的抑制性递质γ-氨基丁酸的释放，从而阻断神经信号的传递，使肌肉细胞失去收缩能力，而导致虫体死亡。哺乳动物的外周神经递质为乙酰胆碱，不会受到多拉菌素的影响，多拉菌素不易透过血脑屏障，对动物有很高的安全系数。

（5）适应证。用于治疗线虫病、螨等外寄生虫病。

（6）用法与用量。肌内或皮下注射，注射剂量0.3mg/kg。

（7）注意事项。将本品置于儿童接触不到的地方。使用本品时操作人员不应进食或吸烟。操作后要洗手。在阳光照射下本品迅速分解灭活，应避光保存。其残存药物对鱼类及水生生物有毒，应注意保护水资源。遮光，密闭保存。

2. 特敌克——双甲脒溶液

（1）通用名。双甲脒溶液。

（2）商品名。特敌克。

（3）性状。微黄色液体。

（4）药理作用。接触性广普杀虫剂，兼有胃毒和内吸作用，其主要干扰虫体的神经系统，使其兴奋性增加，24h使虱、螨死亡，48h使患螨部位皮肤自行松动脱落，本品一次使用，可维持6～8周。

（5）适应证。主要用于杀螨，也用于杀蜱、虱等外寄生虫。

（6）用法与用量。药浴、喷洒、涂擦，配成0.025%～0.5%的溶液。

（7）注意事项。此药物气味有较强刺激性，易对人眼睛、鼻子、嘴等部位产生轻、中度刺激，使用时需做好防护（口罩和护目镜之类）。马敏感，对鱼类有剧毒。废气包装请妥善处理，切勿污染环境及水源。配合伊维菌素注射效果更好。本品有结晶，温水溶解后适用，不影响药效。

3. 蝇得静——环丙氨嗪（饲料中添加）

（1）通用名。环丙氨嗪。

（2）商品名。蝇得静。

（3）药理作用。通过强烈的内传导使幼虫在形态上发生畸变，成虫羽化不全，或受抑制，从而阻止幼虫到蛹的正常发育，达到杀虫目的。

（4）适应证。控制所有威胁集约化养殖场的蝇类，包括家蝇、黄腹厕蝇等。

（5）用法与用量。混饲：每吨猪饲料加入 8g，混合均匀，在苍蝇发生季节开始饲喂，饲喂 4～6 周后，停药 4～6 周，然后再饲喂4～6 周，循环饲喂至苍蝇发生季节结束。混饮：1t 水中加入本品 2.5g，连续饮用 4～6 周。气雾喷洒：5kg 水中加入本品 2.5g，集中喷洒在蚊、蝇繁殖处及蛆蛹滋生处，药效可持续 30d 以上。

（6）注意事项。使用前与饲料均匀混合。在蝇害始发期，及时使用本产品。预混时，须戴口罩、手套，事后清洗面部、手部。本品须在密封、避光、阴凉处保存，勿与食物共放。

4. 蝇蟑宁——甲基吡啶磷

（1）通用名。1%甲基吡啶磷。

（2）商品名。蝇蟑宁。

（3）性状。均匀混合的红色和黄色颗粒。

（4）适应证。杀昆虫药，用于控制动物舍内蝇的数量，分散在动物舍内蝇最易存在的地方，成蝇食入后被杀灭。

（5）用法与用量。分散撒在地面、过道、窗台等表面，约 $2g/m^2$。有效期：两年。

第五节　猪群药物保健

为确保猪群的健康稳定，有效控制疫病传播，减少疾病发生，保证生产正常，现代猪场有选择使用保健与治疗效果好，作用确切与使用方便的猪群药物保健方案。同时选用无毒副作用、无药物残留、无耐药性的药物；调节动物机体免疫功能、增强免疫力的药物；调理机体内各器官机能，解除免疫抑制的药物；能激活细胞再生系统的药物；具有抗病毒、抗细菌、抗衣原体、抗支原体、抗螺旋体、抗真菌与抗立克次氏体等的药物；以及清除毒素作用的药物。

一、分群保健

母猪群每季度一次添加药物保健。母猪分娩前 1 周与产后 1 周添加药物保健。炎热季节母猪分娩时静脉注射 5%葡萄糖 1 500～2 000mL，冬季顺产的可以不用。分娩后第一天肌内注射母病克 40mL（上午、下午各一次 20mL），第二天肌内注射土霉素 15mL。

公猪群每季度一次添加药物保健。炎热季节（4～9 月）添加适量的电解多维等抗应激药物，每月连用 5～10d。

对新引进的后备母猪种猪，添加适量的抗生素和抗应激药，连用 5～7d（建议采用脉冲式加药）。对新引进的种猪坚持规范消毒，一般包括进场时车辆消毒和日常消毒（带猪消毒一般用刺激性小、无腐蚀的消毒药），各种消毒药轮替使用，每周消毒两次。对新进种猪在猪群稳定后按免疫程序进行疫苗接种。

仔猪 1～3 日龄内肌内注射铁剂（右旋糖酐铁）0.5～1mL，长效土霉素（长效米先）或头孢噻呋钠 0.3～0.5mL。

保育舍小猪刚转入和转栏前 3～5d 添加抗生素和抗应激药物。保育舍小猪刚转入生长育肥舍内时添加抗生素和抗应激药物。

生长育肥猪是经过以上保健后的中大猪，根据情况用药，原则上猪群稳定可不用药。药物的选择要求根据季节和猪群的健康状况而定。

二、猪场常见疾病的保健

1. 腹泻性疾病的保健

（1）饲养管理。注意产房的保温，产房温度应控制在 20～22℃，仔猪所需温度应分别为 32～35℃（1～7 日龄）、30～32℃（8～14 日龄）、28～30℃（15～30 日龄）；注意消毒，空栏时要彻底消毒，生产期间每周消毒 2～3 次，工作人员进产房时必须脚踏消毒，病死猪要及时处理。

（2）母猪。产前进行疫苗免疫，如大肠杆菌病二联灭活苗、传染性胃肠炎—流行性腹泻二联灭活苗等；防止接产不当导致产后感染；保证乳汁质量；防止母猪缺硒。

（3）仔猪。尽快让仔猪吃到初乳，以便尽早获得母体抗体；仔猪出生后及时补铁、补硒。

2. 发热性疾病的保健

（1）隔离。建立相对封闭的环境，建立严格的门卫消毒制度；严格引进种猪并做好种猪的隔离饲养；选择科学的免疫程序并严格执行免疫操作规程，提高预防效果。

（2）观察猪群。发现有发烧的猪及时调栏并治疗，严格执行消毒隔离制度；合理搭配饲料，均衡营养水平以增强抵抗力。

（3）免疫预防。在流行季节来临之前，及时进行免疫预防；对猪场内的野猫等要捕捉扑杀，及时灭鼠杀虫；对病死猪、流产胎儿及胎衣等及时处理，污染过的用具严格消毒后再使用。

（4）减少应激。防止人为因素造成疾病的传播；定期进行猪群流行病学的监测；使用免疫增强剂或预防药物。

3. 呼吸道疾病的保健

（1）控制温湿度。保持猪舍内空气清新，加强通风减少灰尘，降低舍内氨气浓度；定期对猪舍进行消毒，坚持全进全出和自繁自养；保证猪舍内适应的温度、湿度及饲养密度，尽量减少转群次数等；避免饲料的突然更换。

（2）预防。加强疫苗免疫和药物预防，饲料中添加泰乐菌素或土霉素等。预防用药应有计划地定期轮换使用，也可进行药敏试验。

（3）减少应激。新引进种猪时应隔离饲养并预防性给药，减少应激，防止对新环境的不适。

4. 繁殖障碍性疾病的保健

（1）引种事项。严格把握种猪引进，严禁从疫场引进种猪，引进前必须调查原场的既往病史；引进后在隔离饲养期间做好疫苗免疫。

（2）隔离。建立健全生物安全体系，最大限度地控制和降低猪群的继发感染概率；对发病猪群的粪便、尿等及时清除，并做无害化处理。

（3）饲养管理。加强猪场卫生管理，及时排出积水，消除蚊蝇等，严格执行消毒规程；做好流产胎儿、胎衣等的无害化处理。

（4）药物预防。适当使用药物，防止继发性感染。

三、药物保健注意事项

1. 根据具体情况制订保健计划 要根据当地与本场猪病发生流行的规律、特点及季节性，有针对性地选择高效、安全性好、抗病毒与抗菌谱广的药物用于药物保健，这样才能收到良好的保健效果。同时要定期更换用药，不要长期使用一个方案，以免细菌对药物产生耐药性，影响药物保健的效果。使用细胞因子产品和某些中药制剂不会产生耐药性和药物残留及毒副作用。

2. 按药物说明使用 要按药物规定的有效剂量添加药物，严禁盲目随意加大用药剂量。用药剂量过大，造成药物浪费，增加成本支出，而且会引起毒副作用，引发猪意外死亡；用药剂量不够，会诱发细菌对药物产生耐药性，降低药物的保健作用。

3. 要科学地联合用药，注意药物配伍 药物配伍既有药物之间的协同作用，又有拮抗作用。用药之前，要根据药品的理化性质及配伍禁忌，科学合理地搭配，这样不仅能增强药物的预防效果，扩大抗菌谱，还可以减少药物的毒副作用。如青霉素类药物不要与磺胺类和四环素类药物合用，酸性药物不要与碱性药物合用等。

4. 要认真鉴别真假兽药　购买兽用药品时一定要认真查看批准文号、产品质量标准、生产许可证、生产日期、保存期及其药品包装物和说明书等。严禁购买无批准文号、无生产许可证、无产品质量标准的“三无”产品，以免贻误药物对疫病的预防。

5. 注意休药期　如用于猪的青霉素休药期为6～15d，氨基糖苷类抗生素为7～40d，四环素类为28d，大环内酯类为7～14d，林可胺类为7d，多肽类为7d，喹诺酮类为14～28d，抗寄生虫药物为14～28d。一般猪场可于猪出栏上市前1个月停止实施药物保健，以免影响公共卫生的安全。

6. 免疫期保健　实施药物保健时要避开给猪进行弱毒活疫苗的免疫接种，最好二者间隔4～5d的时间，否则影响弱毒活疫苗的免疫效果。使用灭活疫苗免疫时不会受其影响。

第六节　常用兽药配伍禁忌

某些药物配伍在一起时可能发生不良变化，使药效降低、失效，或变成有毒物质。临床兽医和调剂人员都应重视配伍禁忌（表9-12）。

表9-12　常用兽药配伍禁忌

分类	药　　物	配伍药物	配伍使用结果	用　　量
青霉素类	青霉素钠、钾盐，氨苄西林类，阿莫西林类	喹诺酮类、氨基糖苷类（庆大霉素除外）、多黏菌类	效果增强	青霉素：肌内注射，每千克体重5万～10万U 氨苄青霉素：拌料浓度0.02%～0.05%；肌内注射，每千克体重25～40mg 阿莫西林：饮水或拌料，浓度0.02%～0.05%
		四环素类、头孢菌素类、大环内酯类、庆大霉素、利巴韦林、培氟沙星	相互拮抗，或疗效相抵，或产生副作用，应分别使用、间隔给药	
		维生素C、罗红霉素、多聚磷酸酯、磺胺类、氨茶碱、高锰酸钾、盐酸氯丙嗪、B族维生素、过氧化氢	沉淀、分解、失败	

（续）

<table>
<tr><th>分类</th><th>药　　物</th><th>配伍药物</th><th>配伍使用结果</th><th>用　　量</th></tr>
<tr><td rowspan="4">头孢菌素类</td><td rowspan="4">“头孢”系列</td><td>氨基糖苷类、喹诺酮类</td><td>疗效、毒性增强</td><td rowspan="4">头孢曲松钠：肌内注射，每千克体重50～100mg
头孢氨苄：口服，每千克体重35～50mg
头孢唑啉钠：肌内注射，每千克体重50～100mg</td></tr>
<tr><td>青霉素类、洁霉素类、四环素类、磺胺类</td><td>相互拮抗，或疗效相抵，或产生副作用，应分别使用、间隔给药</td></tr>
<tr><td>维生素C、B族维生素、磺胺类、罗红霉素、氨茶碱、氟苯尼考、甲砜霉素、盐酸强力霉素</td><td>沉淀、分解、失败</td></tr>
<tr><td>强利尿药、含钙制剂</td><td>与头孢噻吩、头孢噻呋等头孢类药物配伍会增加毒副作用</td></tr>
<tr><td rowspan="7">氨基糖苷类</td><td rowspan="5">卡那霉素、阿米卡星、核糖霉素、妥布霉素、庆大霉素、大观霉素、新霉素、巴龙霉素、链霉素等</td><td>抗生素类</td><td>本品应尽量避免与抗生素类药物联合应用，大多数本类药物与大多数抗生素联用会增加毒性或降低疗效</td><td rowspan="7">链霉素：肌内注射，每千克体重5万U
庆大霉素：饮水，浓度0.01%～0.02%；肌内注射，每千克体重5～10mg
阿米卡星：饮水，浓度0.005%～0.015%；拌料，浓度0.01%～0.02%；肌内注射，每千克体重5～10mg
新霉素：饮水，浓度0.01%～0.02%；拌料，浓度0.02%～0.03%
大观霉素：肌内注射，每千克体重7.5～10mg；饮水，浓度0.025%～0.05%
卡那霉素：饮水，浓度0.01%～0.02%；肌内注射，每千克体重5～10mg</td></tr>
<tr><td>青霉素类、头孢菌素类、洁霉素类、甲氧苄啶（TMP）</td><td>疗效增强</td></tr>
<tr><td>碱性药物（如碳酸氢钠、氨茶碱等）、硼砂</td><td>疗效增强，但毒性也同时增强</td></tr>
<tr><td>维生素C、B族维生素</td><td>疗效减弱</td></tr>
<tr><td>氨基糖苷同类药物、头孢菌素类、万古霉素</td><td>毒性增强</td></tr>
<tr><td>大观霉素</td><td>四环素</td><td>拮抗作用，疗效抵消</td></tr>
<tr><td>卡那霉素、庆大霉素</td><td>其他抗菌药物</td><td>不可同时使用</td></tr>
</table>

（续）

<table>
<tr><th>分类</th><th>药　　物</th><th>配伍药物</th><th>配伍使用结果</th><th>用　　量</th></tr>
<tr><td rowspan="4">大环内酯类</td><td rowspan="4">红霉素、罗红霉素、硫氰酸红霉素、替米考星、吉他霉素（北里霉素）、泰乐菌素、乙酰螺旋霉素、阿齐霉素</td><td>洁霉素类、麦迪霉素、螺旋霉素、阿司匹林</td><td>降低疗效</td><td rowspan="4">红霉素：饮水，浓度0.005%～0.02%；拌料，浓度0.01%～0.03%
罗红霉素：饮水，浓度0.005%～0.02%；拌料，浓度0.01%～0.03%
泰乐菌素：饮水，浓度0.005%～0.01%；拌料，浓度0.01%～0.02%；肌内注射，每千克体重30mg
替米考星：饮水，浓度0.01%～0.02%
北里霉素：饮水，浓度0.02%～0.05%；拌料，浓度0.05%～0.1%，肌内注射，每千克体重30～50mg</td></tr>
<tr><td>青霉素类、无机盐类、四环素类</td><td>沉淀、降低疗效</td></tr>
<tr><td>碱性物质</td><td>增强稳定性、增强疗效</td></tr>
<tr><td>酸性物质</td><td>不稳定、易分解失效</td></tr>
<tr><td rowspan="3">四环素类</td><td rowspan="3">土霉素、四环素（盐酸四环素）、金霉素（盐酸金霉素）、强力霉素（盐酸多西环素、脱氧土霉素）、米诺环素（二甲胺四环素）</td><td>甲氧苄啶、三黄粉</td><td>稳效</td><td rowspan="3">土霉素：饮水，浓度0.02%～0.05%；拌料，浓度0.1%～0.2%
强力霉素：饮水，浓度0.01%～0.05%；拌料，浓度0.02%～0.08%
四环素：饮水，浓度0.02%～0.05%；拌料，浓度0.05%～0.1%
金霉素：饮水，浓度0.02%～0.05%；拌料，浓度0.05%～0.1%</td></tr>
<tr><td>含钙、镁、铝、铁的中药如石类、壳贝类、骨类、矾类、脂类等，含鞣质的中成药，含消化酶的中药如神曲、麦芽、豆豉等，含碱性成分较多的中药如硼砂等</td><td>不宜同用，如确需联用应至少间隔2h</td></tr>
<tr><td>其他药物</td><td>四环素类药物不宜与绝大多数其他药物混合使用</td></tr>
</table>

（续）

分类	药　　物	配伍药物	配伍使用结果	用　　量
喹诺酮类	吡哌酸、“沙星”系列	青霉素类、链霉素、新霉素、庆大霉素	疗效增强	氧氟沙星：饮水，浓度0.005%～0.01%；拌料，浓度0.015%～0.02%；肌内注射，每千克体重5～10mg 恩诺沙星：饮水，浓度0.005%～0.01%；拌料，浓度0.015%～0.02%；肌内注射，每千克体重5～10mg 环丙沙星：饮水，浓度0.01%～0.02%；拌料，浓度0.02%～0.04%；肌内注射，每千克体重10～15mg 达氟沙星：饮水，浓度0.005%～0.01%；拌料，浓度0.015%～0.02%；肌内注射，每千克体重5～10mg 沙拉沙星：饮水，浓度0.005%～0.01%；拌料，浓度0.015%～0.02%；肌内注射，每千克体重5～10mg 敌氟沙星：饮水，浓度0.005%～0.01%；拌料，浓度0.015%～0.02%；肌内注射，每千克体重5～10mg 诺氟沙星：饮水，浓度0.01%～0.05%；拌料，浓度0.03%～0.05%
		洁霉素类、氨茶碱、金属离子（如钙、镁、铝、铁等）	沉淀、失效	
		四环素类、罗红霉素、利福平	疗效降低	
		头孢菌素类	毒性增强	

（续）

<table>
<tr><th>分类</th><th>药　　物</th><th>配伍药物</th><th>配伍使用结果</th><th>用　　量</th></tr>
<tr><td rowspan="5">磺胺类</td><td rowspan="4">磺胺嘧啶、磺胺二甲嘧啶、磺胺甲噁唑、磺胺对甲氧嘧啶、磺胺间甲氧嘧啶、磺胺噻唑</td><td>青霉素类</td><td>沉淀、分解、失效</td><td rowspan="5">磺胺嘧啶：饮水，浓度 0.1%～0.2%；拌料，浓度 0.2%；肌内注射，每千克体重 40mg
磺胺二甲基嘧啶：饮水，浓度 0.1%～0.2%；拌料，浓度 0.2%；肌内注射，每千克体重 40mg
磺胺甲基异噁唑：饮水，浓度 0.03%～0.05%；拌料，浓度 0.05%；肌内注射，每千克体重 30～50mg
磺胺喹噁啉：饮水，浓度 0.02%～0.05%；拌料，浓度 0.05%，同磺胺嘧啶</td></tr>
<tr><td>头孢菌素类</td><td>疗效降低</td></tr>
<tr><td>罗红霉素</td><td>毒性增强</td></tr>
<tr><td>甲氧苄啶（TMP）、新霉素、庆大霉素、卡那霉素</td><td>疗效增强</td></tr>
<tr><td>磺胺嘧啶</td><td>阿米卡星、头孢菌素类、氨基糖苷类、利多卡因、林可霉素、普鲁卡因、四环素类、青霉素类、红霉素</td><td>配伍后疗效降低或产生沉淀</td></tr>
<tr><td rowspan="4">抗菌增效剂</td><td rowspan="4">二甲氧苄啶、甲氧苄啶（三甲氧苄啶、TMP）</td><td>参照磺胺药物的配伍说明</td><td>参照磺胺药物的配伍说明</td><td rowspan="4">二甲氧苄啶：饮水，浓度 0.01%；拌料，浓度 0.02%
三甲氧苄啶：饮水，浓度 0.01%；拌料，浓度 0.02%</td></tr>
<tr><td>磺胺类、四环素类、红霉素、庆大霉素、黏菌素</td><td>疗效增强</td></tr>
<tr><td>青霉素类</td><td>沉淀、分解、失效</td></tr>
<tr><td>其他抗菌药物</td><td>与许多抗菌药物联用可起增效或协同作用，其作用明显程度不一，使用时可摸索规律。但并不是与任何药物合用都有增效、协同作用，不可盲目合用</td></tr>
</table>

（续）

<table>
<tr><th>分类</th><th>药　　物</th><th>配伍药物</th><th>配伍使用结果</th><th>用　　量</th></tr>
<tr><td rowspan="3">洁霉素类</td><td rowspan="3">盐酸林可霉素（洁霉素）、盐酸克林霉素（氯洁霉素）</td><td>氨基糖苷类</td><td>协同作用</td><td rowspan="3">林可霉素：饮水，浓度0.02%～0.03%；肌内注射，每千克体重20～50mg</td></tr>
<tr><td>大环内酯类</td><td>疗效降低</td></tr>
<tr><td>喹诺酮类</td><td>沉淀、失效</td></tr>
<tr><td rowspan="4">多黏菌素类</td><td>多黏菌素</td><td>磺胺类、甲氧苄啶、利福平</td><td>疗效增强</td><td rowspan="4">杆菌肽：拌料，浓度0.004%；口服100～200U/只
多黏菌素：口服，每千克体重3～8mg；拌料，浓度0.002%</td></tr>
<tr><td rowspan="2">杆菌肽</td><td>青霉素类、链霉素、新霉素、金霉素、多黏菌素</td><td>协同作用，疗效增强</td></tr>
<tr><td>喹乙醇、柱晶白霉素、恩拉霉素</td><td rowspan="2">拮抗作用，疗效抵消，禁止并用</td></tr>
<tr><td>恩拉霉素</td><td>四环素、柱晶白霉素、杆菌肽</td></tr>
<tr><td rowspan="2">抗病毒类</td><td rowspan="2">利巴韦林、金刚烷胺、阿糖腺苷、阿昔洛韦、吗啉胍、干扰素</td><td>抗菌类</td><td>无明显禁忌，无协同、增效作用。合用时主要用于防治病毒感染后再引起的继发性细菌类感染，但有可能增加毒性，应防止滥用</td><td rowspan="2">吗啉胍：饮水或拌料，浓度0.01%～0.02%
利巴韦林：饮水或拌料，浓度0.005%～0.01%
金刚烷胺：饮水或拌料，浓度0.005%～0.01%</td></tr>
<tr><td>其他药物</td><td>无明显禁忌记载</td></tr>
<tr><td rowspan="2">抗寄生虫药</td><td rowspan="2">苯并咪唑类（达唑类）</td><td>长期使用</td><td>易产生耐药性</td><td rowspan="2">莫能菌素：拌料，浓度0.009 5%～0.012 5%
左旋咪唑：口服，每千克体重24mg
丙硫苯咪唑：口服，每千克体重40mg</td></tr>
<tr><td>联合使用</td><td>易产生交叉耐药性并可能增加毒性，一般情况下应避免同时使用</td></tr>
</table>

（续）

分类	药　　物	配伍药物	配伍使用结果	用　　量
抗寄生虫药	其他抗寄生虫药	长期使用	此类药物一般毒性较强，应避免长期使用	阿维菌素：拌料，每千克体重 0.3mg；皮下注射，每千克体重 0.2mg 伊维菌素：拌料，每千克体重 0.3mg；皮下注射，每千克体重 0.2mg
		同类药物	毒性增强，应间隔用药，确需同用应减低用量	
		其他药物	容易增加毒性或产生拮抗，应尽量避免合用	
助消化与健胃药	乳酶生	酊剂、抗菌剂、鞣酸蛋白、铋制剂	疗效减弱	
	胃蛋白酶	中药	许多中药能降低胃蛋白酶的疗效，应避免合用，确需与中药合用时应注意观察效果	
		强酸、碱性、重金属盐、鞣酸溶液及高温	沉淀或灭活、失效	
	干酵母	磺胺类	拮抗、降低疗效	
	稀盐酸、稀醋酸	碱类、盐类、有机酸及洋地黄	沉淀、失效	
	人工盐	酸类	中和、疗效减弱	
	胰酶	强酸、碱性、重金属盐溶液及高温	沉淀或灭活、失效	
	碳酸氢钠（小苏打）	镁盐、钙盐、鞣酸类、生物碱类等	疗效降低，或分解，或沉淀，或失效	
		酸性溶液	中和失效	

（续）

分类	药　　物	配伍药物	配伍使用结果	用　　量
平喘药	茶碱类（氨茶碱）	其他茶碱类、洁霉素类、四环素类、喹诺酮类、盐酸氯丙嗪、大环内酯类、呋喃妥因、利福平	毒副作用增强或失效	氯化铵：饮水，浓度0.05%
		药物酸碱度	酸性药物可增加氨茶碱排泄，碱性药物可减少氨茶碱排泄	
维生素类	所有维生素	长期使用、大剂量使用	易中毒甚至致死	
	B族维生素	碱性溶液	沉淀、破坏、失效	
		氧化剂、还原剂、高温	分解、失效	
		青霉素类、头孢菌素类、四环素类、多黏菌素、氨基糖苷类、洁霉素类	灭活、失效	
	维生素C	碱性溶液、氧化剂	氧化、破坏、失效	
		青霉素类、头孢菌素类、四环素类、多黏菌素、氨基糖苷类、洁霉素类	灭活、失效	
消毒防腐类	漂白粉	酸类	分解、失效	
	酒精（乙醇）	氯化剂、无机盐等	氧化、失效	
	硼酸	碱性物质、鞣酸	疗效降低	
	碘类制剂	氨水、铵盐类	生成爆炸性的碘化氮	
		重金属盐	沉淀、失效	
		生物碱类	析出生物碱沉淀	
		淀粉类	溶液变蓝	

（续）

分类	药　　物	配伍药物	配伍使用结果	用　　量
消毒防腐类	碘类制剂	龙胆紫	疗效减弱	
		挥发油	分解、失效	
	高锰酸钾	氨及其制剂	沉淀	
		甘油、酒精（乙醇）	失效	
	过氧化氢（双氧水）	碘类制剂、高锰酸钾、碱类、药用炭	分解、失效	
	过氧乙酸	碱类如氢氧化钠、氨溶液等	中和失效	
	碱类（生石灰、氢氧化钠等）	酸性溶液	中和失效	
	氨溶液	酸性溶液	中和失效	
		碘类溶液	生成爆炸性的碘化氮	

注：

1. 本配伍疗效表为各药品的主要配伍情况，每类产品均侧重该类药品的配伍影响，恐有疏漏，在配伍用药时，应详查所涉及的每一个药品项下的配伍说明。

2. 药品配伍时，有的反应比较明确，因为记录在案；有的不太明确，要看配伍条件，因配伍剂量和条件不同可能产生不同结果。因此，任何药物相互配伍均有可能因条件不同而产生不同结果。

第七节　猪场兽医室

现代养猪场，一般在本场设立兽医室，对及时发现和控制疾病，防止疾病扩散，以及提高生产效率，有明显效果。兽医室负责监督疫苗的保存情况及填报采购计划；跟踪疫苗注射执行情况，跟踪猪场猪群药物保健、疾病防制和驱虫方案的实施情况；以及普通疾病的诊断与治疗。

猪场兽医室的工作职责，每年春、秋进行一次粪便寄生虫卵普查，根据普查结果制订驱虫方案。对有代表性的死猪进行解剖，并取病料，按技术管理部的要求进行送检。根据生产需要组织各种试验，并指导车间工人的临床用药。负责各车间的“健康跟踪表”“剖检记录表”“药物保健反馈表”“抗体监测结果表”“疫苗保存、稀释、发放记录表”等的分类存档，每月将资料数据分类分析，做一份猪群健康分析资料交兽医技术员。车间需要药物拌料或饮水加药，按兽医技术员的通知进行药物的配伍与分装，分装后交兽医技术员发放。负责病料（组织、血清、尿液）的采集和送检工作。

一、疾病的诊断

猪场一旦发生疾病时，要及早发现，执行疫情的呈报处理，尽快采取措施，缩小疫病发生的范围，防止疫病大面积发生，以减少经济损失。对病猪必须做必要的临床检查如体温、食欲、精神、粪便、呼吸、心率等全身症状的检查，然后做出正确的诊断。诊断后及时对症用药，有并发症、继发症的要采取综合措施。场内疑难病症由技术管理部组织专家会诊，禁止请任何猪场以外的兽医和服务人员诊断疾病。

二、猪场兽医室的送检程序

常规抗体监测血清送检由技术管理部通知，按技术管理部的要求进行送检。生产上有问题需要送检的由兽医技术员根据生产的实际需要报场长审核，由场长报技术管理部审批。场内未经技术管理部的审批，禁止向外单位送检病料。检测项目由兽医技术员根据生产的实际需要报场长审核，由场长报技术管理部审批。联系的检测机构要具有良好内、外部质量控制程序并具有丰富的实验操作经验，且能提供相关技术咨询的权威性实验室。

送检检验单

病料名称：　　　　　　　　　　　　　　　　采样日期：
送检日期：　　　　　　　　　检验日期：　　　　　检测单位：

序号	样本数量	检验项目	标准要求	备注说明
审核意见				
审批意见				

注：此委外检测报告单一式两份，一份外送，一份自己保存　送检人：______

三、样本的采集

采样前应明确送检测的目的，并与有关专家确定合适的样本来源、数量、类型及正确的送检方法。由兽医技术员组织完成送检诊断样本的采集工作。同时可一份样本送多个实验室，再在某个实验室做重复性实验，以期获得最准确的结果。

四、检验报告分析

获得检测结果后，猪场场长、兽医技术员和兽医顾问及技术管理部一起根据猪群临床状况和有关的传染病原和其他因素在疾病发生中所处的相对重要性来综合分析实验室结果，然后做出处理方案；重大传染病必须请示上级负责人。

五、保健方案及防治措施方案执行程序

由兽医技术员按“猪群保健方案”或“猪群防治措施方案”在饲料中加药。在执行的过程中，兽医技术员要出三份通知，一份给车间，注明什么时候喂加药料，喂多长时间，以及在喂的过程中要注意的事项，同时要跟踪用药效果，填写“药物保健反馈表”；一份给饲料厂或负责拌药的员工，注明药名、剂量，以及如何拌，拌好药的饲料如何做好标签等；另一份兽医室存档，这份要注明加什

么药、剂量、哪个生产线使用、针对什么病，最后结合“药物保健反馈表”一起存档。

进行饲料加药时，兽医技术员要对饲料的包装、使用进行监督，防止加药饲料包装弄错与饲喂错误。饮水给药由兽医技术员按“猪群保健方案”或“猪群防治措施方案”通知车间，一份给车间，注明什么时候加药、如何操作、喂多长时间，以及在喂的过程中要注意的事项，同时要跟踪用药效果，填写“药物保健反馈表”；另一份兽医室存档，这份要注明加什么药、剂量、哪个生线使用、针对什么病，最后结合“药物保健反馈表”一起存档。

六、病死猪的无害化处理

病死猪用专车运到腐尸池处理；解剖病猪在腐尸池解剖台进行，操作人员要消毒后才能进入车间；每次剖检完毕后写出“猪病诊断报告”存档（临床检查、剖检不能确诊要采取病料化验）。久治不愈或无治疗价值的病猪及时淘汰。残次、淘汰、病猪要经兽医鉴定后才能决定是否出售。

第十章　猪场常见性疾病的防控

猪疾病种类繁多，病因复杂，给养猪生产造成了很大的危害，因此做好猪场常见性疾病的保健工作有深远的意义。下面介绍常见消化道疾病、发热性疾病、呼吸道疾病及规模化猪场繁殖障碍性常见疾病的发病特征、临症、病理及防控方法。

第一节　猪常见消化道疾病

一、仔猪黄痢

仔猪黄痢又称初生仔猪大肠杆菌病，是由致病性埃希氏大肠杆菌引起的初生仔猪的一种急性、高度致死性传染病。特征为剧烈腹泻，排出黄色或黄白色稀粪和迅速脱水。发病日龄早，主要侵害1～3日龄仔猪，发病急、症状明显、死亡率高。无季节性，但寒冷时发病率较高，产房潮湿、卫生条件不好时发病率更高，一旦发病很难根除。主要是消化道感染，带菌母猪为主要传染源。

1. 临症　水样稀粪，黄色或灰黄色，内含凝乳小片和小气泡。病猪口渴，吃乳减少，脱水、消瘦、昏迷、衰竭。

2. 病理　肠黏膜充血、水肿，甚至脱落。肠壁变薄，松弛，充气，尤以十二指肠最为严重，肠内容物呈黄色，有时混有血液。心、肝、肾有变性，重者有出血点或凝固性坏死。

3. 预防　做好母猪产前产后管理，加强新生仔猪的护理；进行药物预防（初生后12h内口服敏感抗生素），微生物制剂预防（如促菌生、调菌生、乳康生、康大宝等通过调节仔猪肠道微生物区系的平衡，从而抑制大肠杆菌）。免疫接种，妊娠母猪在产前30d和15d接种，疫苗选择大肠杆菌基因工程苗。

4. 治疗　对仔猪黄痢的治疗应采取抗菌、止泻、助消化和补液等综合措施。抗菌药物有安普霉素、链霉素、环丙沙星、恩诺沙星、氟甲砜霉素、阿莫西林、泻痢停、克痢王。止泻药物有鞣酸蛋白。助消化药物有食母生、小苏打、胃蛋白酶等。补液可口服葡萄糖生理盐水及多种维生素。葡萄糖生理盐水的配方：1 000mL 水中加葡萄糖 20g、氯化钠 3.5g、氯化钾 1.5g、碳酸氢钠 2.5g。

二、仔猪白痢

仔猪白痢又名迟发性大肠杆菌病，是仔猪在哺乳期内常见的腹泻病。特征为病仔猪排乳白色或灰白色腥臭稀粪，发病率较高而致死率不是很高，但仔猪的生长速度明显减慢。本病多发生于 10～30 日龄仔猪，7 日龄以内、30 日龄以上仔猪很少发病。无季节性，冬、春气候剧变，阴雨、潮湿或保暖不良及母猪乳汁缺乏时发病较多。发病与饲养管理及猪舍卫生有很大的关系，应激等因素也是引起该病的重要原因之一。主要是通过消化道感染。

1. 临症 仔猪突然拉稀，同窝相继发生，排白色、灰白色、腥臭、糊状或浆状粪便。仔猪精神不振，畏寒，脱水，吃奶减少或不吃，有时见有吐奶。一般病猪的病情较轻，及时治疗能痊愈，但多因反复发作而形成僵猪，严重时，患猪粪便失禁，1 周左右死亡。

2. 病理 病死仔猪脱水、消瘦、皮肤苍白。胃黏膜充血、水肿，肠内容物灰白色，酸臭或混有气泡。肠壁变薄半透明，肠黏膜充血、出血易剥脱，肠系膜淋巴结肿胀，常有继发性肺炎病变。

3. 防治 基本与仔猪黄痢防治措施相同。

三、猪传染性胃肠炎

该病是由猪传染性胃肠炎病毒（冠状病毒）所引起的一种高度接触性肠道传染病。以病猪呕吐、严重腹泻、脱水和 10 日龄内仔猪高死亡率为特征。本病具有季节性，秋末至春初寒冷季节多发，各种日龄的猪都易感，但以 10 日龄以内的仔猪发病最为严重，主要经消化道感染。

1. 临症　哺乳仔猪常常突然发病，呕吐，剧烈水样腹泻，粪便灰白色，战栗，吃奶减少或停止，口渴，迅速脱水，消瘦，衰竭死亡。哺乳母猪常和仔猪一起发病，表现食欲不振，有的呕吐，体温升高，腹泻，泌乳量减少或停止。架子猪和育肥猪症状较轻，高烧，食欲不振，腹泻，粪便黄绿色或灰白色，个别猪呕吐，发病期间增重明显减慢。

2. 病理　尸体消瘦，脱水，病理变化重要在胃和小肠，胃肠发生卡他性炎症，胃内充满未消化的凝乳块，胃底黏膜轻度充血，有时黏膜下有出血斑。小肠充血，内充满灰白色或黄绿色液体并混有泡沫，小肠绒毛极度萎缩或消失，肠壁变薄并失去弹性。病死猪的回肠、空肠绒毛萎缩变短是本病的特征性病变。检查的方法是将肠腔纵向剪开，用生理盐水将肠腔内容物冲掉，在玻璃平皿内铺平，加入少量的生理盐水，置于低倍显微镜下观察，可见空肠绒毛显著缩短，绒毛长度与肠腺（隐窝）深度之比仅1∶1（正常为7∶1）。

3. 防治　防止脱水和酸中毒，静脉注射5%葡萄糖生理盐水和5%碳酸氢钠，或口服葡萄糖生理盐水（1 000mL 水中加葡萄糖20g、氯化钠3.5g、氯化钾1.5g、碳酸氢钠2.5g）。内服收敛药止泻（如鞣酸蛋白、活性炭），抗生素防继发感染，并补充营养（补充维生素C、钙制剂）。

猪流行性腹泻与猪传染性胃肠炎相似。在防治方面可参照猪传染性胃肠炎。

四、仔猪红痢

仔猪红痢又称猪传染性坏死性肠炎或梭菌性肠炎，是仔猪的一种高度致死性肠毒血症。特征为1～3日龄仔猪排血样粪便（血痢），肠坏死，发病急，病程短，死亡率高。易感动物范围很广泛：猪、马、牛、鸡、兔、鹿等，其中反刍动物，尤其是绵羊更易感，人也有易感性，猪多发生于1～3日龄，1周龄以上很少发病。无季节性，主要经消化道传播感染。

1. 临症 发病急剧，仔猪出生后1d内就可发病，排浅红和红褐色粪便。病猪迅速脱水、消瘦、衰竭，有的病猪呕吐、尖叫，出现不由自主的运动。绝大多数在几天内死亡，若病程在7d以上，则呈现间歇性或持续性腹泻，病猪生长停滞，逐渐消瘦、衰竭或死亡。

2. 病理 腹腔内有许多缨红色渗出积液。空肠呈暗红色，肠腔内充满含血的液体，内容物呈红褐色并混有小气泡。肠壁黏膜下层、肌肉层及肠系膜含有气泡。病程稍长的肠壁形成坏死性黄色假膜，一般不易剥离，肠系膜淋巴结肿大出血。

3. 防治 仔猪出生后注射猪红痢血清，每千克体重3mL；出生后内服“保命油”或庆大霉素；用抗生素（青霉素、磺胺等）结合维生素C治疗。免疫方面，妊娠母猪于产前15d和30d分别用红痢菌苗免疫接种一次。

五、猪痢疾

猪痢疾俗称猪血痢，病原为猪痢疾密螺旋体。特征为黏液性或黏液出血性下痢。本病一旦传入，不容易清除，康复猪带菌率很高，带菌时间可达70d以上，严重影响猪的生长发育，增加饲料消耗。仅感染猪，不分品种、性别、年龄，以7～12周龄猪多发，也无明显的季节性。消化道是唯一的感染途径。

1. 临症 不同程度的腹泻，先软后稀，最后排水样粪，内混黏液或带血。严重时粪便呈红色糊状，内含大量黏液、血块及脓性分泌物。体温升高，达40～41℃，精神不振，厌食，消瘦，脱水，弓背收腹，被毛粗乱无光，后期排粪失禁，衰竭，或痊愈或死亡。

2. 病理 主要是大肠卡他性、出血性肠炎；肠系膜及其淋巴结充血、水肿。肠腔内充满黏液和血液，病程稍长的黏膜形成麸皮样或豆渣样的黄色和灰色纤维素假膜，易剥离。

3. 防治 可用痢菌净、泰乐菌素等防治。其他可参照猪传染性胃肠炎。

第二节　猪常见发热性疾病

一、猪瘟

猪瘟俗称烂肠瘟，美国称为猪霍乱，英国称为猪热病，是猪的一种急性、热性、败血性传染病。病原为猪瘟病毒，目前认为猪瘟病毒只有一个血清型，但病毒株的毒力有强、中、弱之分。本病的特征为：急性型呈败血性变化，实质器官出血、坏死；亚急性型和慢性型除见不同程度的败血性变化外，还有纤维素性、坏死性肠炎。发病率和死亡率很高，是猪的一种重要传染病，常继发感染副伤寒及布鲁氏菌病。本病在自然条件下只感染猪。不分品种、年龄、性别、季节。一般经消化道传染，也可经呼吸道、眼结膜感染，或通过损伤的皮肤感染。

1. 临症

（1）最急性型。发病急，高热稽留，痉挛，抽搐，皮肤和可视黏膜发绀，有出血点，很快死亡。

（2）急性型和亚急性型。高热，精神沉郁，食欲减退，初便秘，后腹泻，公猪包皮积液，离心端有出血点或红斑不褪色，少数神经症状，死亡率高。

（3）慢性型。食欲时好时坏，体温时高时低，便秘与腹泻交替进行；耳尖、尾根和四肢皮肤经常发紫坏死，甚至干脱；消瘦，全身衰竭，后肢麻痹，行走不稳或不能站立。繁殖障碍型（母猪带毒综合征）：早中期感染，母猪流产、死产，产生木乃伊胎等；孕后期感染，外表正常，仔猪也终身带毒，免疫耐受（不产生免疫应答）。

2. 病理　膀胱黏膜、喉头会厌软骨黏膜出血，肾颜色淡，有出血点，脾出血，边缘梗死。淋巴结肿大、出血，大理石状。坏死性肠炎，盲结肠扣状肿或溃疡。左心耳点状出血。死产胎儿皮下水肿，腹水，皮下、四肢等出血。

3. 防治

（1）免疫接种。一般地区进行乳前免疫，70 日龄左右再二免，注意乳前免疫时的过敏反应；在上述免疫的基础上，种猪每半年加强一次，后备母猪于配种前20～30d加强一次，生产母猪于配种前25d左右加强一次。

（2）紧急接种。常量的4～8倍，5～7d产生抗体。

4. 治疗 发病后无治疗意义，必须扑杀进行无害化处理。

二、猪链球菌病

猪链球菌病是由几种主要链球菌（C、D、E及L群）引起的猪的多种传染病的总称。特征为：急性型，常表现为出血性败血症和脑炎；慢性型，表现为关节炎、心内膜炎、淋巴结化脓和组织化脓等。仅猪有易感性，无季节性，各种年龄、品种的猪都易感，以新生仔猪和哺乳仔猪的发病率和死亡率最高，其次为中猪和怀孕母猪，成年猪发病较少。主要经消化道感染，也可经呼吸道感染。

1. 临症

（1）败血型。突然发病，高热稽留，嗜睡，精神沉郁，呼吸急促；浆液、黏液性鼻液，便秘或腹泻，粪便带血，尿黄或发生血尿；眼结膜潮红、充血，流泪，离心端皮肤发紫；共济失调，磨牙、空嚼。

（2）脑膜炎型。多见于哺乳仔猪，体温高，便秘；共济失调、转圈，角弓反张，抽搐，卧地不起，四肢划动，口吐白沫；最后衰竭或麻痹死亡，死亡率较高。

（3）淋巴结脓肿型。多见于颌下、咽部、耳下及颈部淋巴结发炎、肿胀，单侧或双侧，发炎淋巴结可成熟化脓，破溃流出脓汁，以后全身症状好转，形成疤痕愈合。

（4）关节炎型。主要是四肢关节肿胀，跛行，或恶化或好转。

2. 病理 出血性浆膜、黏膜炎；鼻、气管、肺充血，肝、脾肿大出血。全身淋巴结肿胀或坏死；关节胶冻或纤维素炎；脑炎、脑实质出血。

3. 防治 青霉素类为首选，肌内注射，2次/d，连续3d；其次选用20%磺胺嘧啶钠，肌内注射，每千克体重0.1g，2次/d，连续 2d。局部关节可行手术。免疫：断奶或成猪一律 1mL（按瓶签）肌内注射或皮下注射，或仔猪在 20～30 日龄首免，50～60 日龄二免；母猪产前 3 周接种（按说明）。

三、猪丹毒

猪丹毒是红斑丹毒丝菌（俗称猪丹毒杆菌）引起的一种急性热性传染病，其主要特征为高热、急性败血症、皮肤疹块（亚急性）、慢性疣状心内膜炎及皮肤坏死与多发性非化脓性关节炎（慢性）。目前集约化养猪场比较少见，但仍未完全控制。本病呈世界性分布。

1. 临症

（1）急性型。常见，以突然暴发、急性经过和高死亡为特征。病猪精神不振、高烧不退；不食、呕吐；结膜充血；粪便干硬，附有黏液。小猪后期下痢。耳、颈、背皮肤潮红、发紫。临死前腋下、股内、腹内有不规则鲜红色斑块，指压褪色后融合在一起。常于3～4d 内死亡。病死率 80%左右，不死者转为疹块型或慢性型。

哺乳仔猪和刚断乳的小猪发生猪丹毒时，一般突然发病，表现神经症状，抽搐，倒地而死，病程多不超过 1d。

（2）亚急性型（疹块型）。病较轻，前 1～2d 在身体不同部位，尤其胸侧、背部、颈部至全身出现界限明显，圆形、四边形，有热感的疹块，俗称“打火印”，指压褪色。疹块突出皮肤 2～3mm，大小 1cm 至数厘米，几个到几十个不等，干枯后形成棕色痂皮。病猪口渴、便秘、呕吐、体温高。疹块发生后，体温开始下降，病势减轻，经数日以至旬余，病猪自行康复。也有不少病猪在发病过程中，症状恶化而转变为败血型而死。病程 1～2 周。

（3）慢性型。由急性型或亚急性型转变而来，也有原发性的，常见的有慢性关节炎、慢性心内膜炎和皮肤坏死等几种。

慢性关节炎型主要表现为四肢关节（腕、跗关节较膝、髋关节最为常见）的炎性肿胀，病腿僵硬、疼痛。以后急性症状消失，而以关节变形为主，呈现一肢或两肢的跛行或卧地不起。病猪食欲正常，但生长缓慢，体质虚弱，消瘦。病程数周或数月。

慢性心内膜炎型主要表现为消瘦，贫血，全身衰弱，喜卧，厌走动，强使行走则举止缓慢，全身摇晃。听诊心脏有杂音，心跳加速、亢进，心律不齐，呼吸急促。此种病猪不能治愈，通常由于心脏麻痹突然倒地死亡。有溃疡性或菜花样增生物。病程数周至数月。

慢性型的猪丹毒有时形成皮肤坏死。常发生于背、肩、耳、蹄和尾等部。局部皮肤肿胀、隆起、坏死、色黑、干硬，似皮革。逐渐与其下层新生组织分离，犹如一层甲壳。坏死区有时范围很大，可以占满背部皮肤；有时可在部分耳壳、尾巴、末梢、各蹄壳处发生坏死。经 2～3 个月坏死皮肤脱落，遗留一片无毛、色淡的疤痕而愈。如有继发感染，则病情复杂，病程延长。

2. 病理

（1）急性型。胃底及幽门部黏膜发生弥漫性出血，小点出血；整个肠道都有不同程度的卡他性或出血性炎症；脾肿大，呈典型的败血脾；肾淤血、肿大，有“大紫肾”之称；淋巴结充血、肿大，切面外翻，多汁，肺脏淤血、水肿。

（2）亚急性型。充血斑中心可因水肿压迫呈苍白色。

（3）慢性型。

①心内膜炎：在心脏可见到疣状心内膜炎的病变二尖瓣和主动脉瓣出现菜花样增生物。

②关节炎：关节肿胀，有浆液性、纤维素性渗出物蓄积。

3. 防治 发生猪丹毒时将个别发病猪隔离，同群猪拌料用药。在发病后 24～36h 治疗，疗效理想。首选药物为青霉素类（阿莫西林）、头孢类（头孢噻呋钠）。对该细菌应一次性给予足够药量，以迅速达到有效血药浓度。发病猪隔离，每 50kg 体重注射阿莫西林 2g＋清开灵注射液 20mL，每天一次，直至体温和食欲恢复正常后 48h，药量和疗程一定要足够，不宜停药过早，以防复发或转为慢性。同群猪每吨料用清开灵颗粒 1kg、70％水溶性阿莫西林 800g，拌料治疗，连用 3～5d。

如果生长猪群不断发病，则有必要采取免疫接种，选用二联苗或三联苗，8 周龄一次，10～12 周龄最好再来一次。防母源抗体干扰，一般 8 周以前不做免疫接种。

第三节　猪常见呼吸道疾病

一、猪流行性感冒

猪流行性感冒简称猪流感，是由猪流感病毒引起的急性呼吸道传染病。特征为突然发病，迅速传播全群，体温升高，咳嗽和呼吸道炎症，一般可自愈，有的并发猪副氏杆菌或巴氏杆菌病，加重病情而引起死亡。不分品种、性别、年龄；主要通过呼吸道飞沫传播。猪流行性感冒的发生具有明显的季节性，在秋季、寒冷和早春气候寒冷多变的季节易发生。

1. 临症　发病突然，传染迅速，体温升高，厌食或食欲废绝，常挤卧不愿站立。呼吸急促，咳嗽；鼻流出浆液性或浆液脓性鼻汁，眼结膜潮红，流泪并有分泌物。

2. 病理　鼻喉、气管和支气管充血，表面有大量泡沫样黏液，肺呈紫红色如鲜牛肉状，触之坚实。

3. 防治　选用解热镇痛、抗菌消炎的药物（青霉素、安乃近、病毒灵肌内注射，或盐酸金刚烷胺口服，或板蓝根冲剂灌服）。

二、猪气喘病

猪气喘病又名猪支原体肺炎，病原为猪肺炎霉形体，霉形体曾被译作支原体。病原体主要存在于猪的呼吸道、肺和肺门淋巴结。猪气喘病是一种慢性呼吸道传染病，特征为咳嗽和气喘，发病率高，死亡率低，影响猪的生长发育，同时易继发感染很多疾病，给养猪生产带来了重大的损失。发病不分年龄、品种、性别、季节性，哺乳仔猪和幼猪的发病率、死亡率较高，其次为怀孕后期及哺乳母猪。寒冷、潮湿、多雨、饲养管理不当、卫生条件不佳等均可诱发本病或加重病情。病猪康复后带菌时间较长，有的长达 1 年左右。

1. 临症 间歇性咳嗽和气喘，流鼻涕，可视黏膜发绀；食欲无明显变化，生长受阻。体温一般正常，如发生继发感染则体温升高，病情复杂。

2. 病理 肺病变显著，肿大、水肺、气肺；肺的各叶前下缘出现融合性支气管肺炎病变区，界限明显。从“猪肉样变”到“胰变”或“虾肉样变”（初期可见病变红灰色，切面组织致密似猪肉状，俗称肺的肉变，后期呈淡紫色、深红色、灰黄色，坚韧性增加，俗称“胰变”）。继发感染后可见心包炎、胸膜炎、肺和胸膜粘连。

3. 防治 支原净 100mg/kg 或强力霉素 150mg/kg 或克痢平 250mg/kg 或硫酸黏杆菌素 40mg/kg（断奶前后两周）；卡那霉素、长效土霉素等也是此病的敏感抗生素。免疫：猪气喘病灭活苗，小猪 1～5 日龄，0.25mL/头；留种用 3～4 月龄二免；种公、母猪 2 次/年，5mL/次。

三、猪传染性胸膜肺炎

猪传染性胸膜肺炎又称猪副溶血嗜血杆菌病，是一种接触性呼吸系统传染病。特征是急性出血性纤维素性胸膜肺炎和慢性纤维素性坏死性胸膜肺炎，是目前国际公认的养猪业颇具危害的重要传染病之一。急性病猪具有很高的死亡率，一般在 50%左右，慢性常可耐过。感染不分品种、年龄、性别、季节，以 3 月龄左右（6 周龄至 6 月龄）的仔猪最易感，4 月、5 月和 9 月、10 月最易发病。长途运输、气候骤变、通风不良、拥挤、环境突变及其他应激均会加重病情。

1. 临症 高热，41.5℃以上；咳嗽，张口呼吸，后期呼吸困难，犬坐；有时见口鼻流淡红色泡沫样分泌物；鼻、耳、腿、体侧皮肤发紫；临死前口鼻腔流出血样泡沫样分泌物；个别猪呕吐，少数猪伴有下痢；有的关节肿胀；跛行。

2. 病理 气管、支气管内充满血性泡沫样分泌物；胸腔内有浅红色渗出物。肺炎，肺间质充满血色胶样液体，明显的纤维素性胸膜炎有时见肺与胸膜粘连（充血、水肿，开始肺炎区有纤维素性附着物，并有黄色渗出液渗出，后期肺脏实变区较大，表面有结缔组织机化的粘连物附着，再后来肺炎病变区的病灶硬结或成为坏死灶）。有时见渗出性纤维素性心包炎。

3. 防治 氨苄西林，肌内注射，每千克体重 4～15mg，2 次/d，连续 3d。卡那霉素，肌内注射，每千克体重 10～20mg，2 次/d，连续 3～5d。磺胺，肌内注射，每千克体重 0.07～0.1mg，2 次/d，连续 3d。复方新诺明，肌内注射，每千克体重 0.07～0.1mg，2 次/d。氟甲砜，肌内注射，每千克体重 0.1mL，2 次/d。支原净，拌料，用量 100～150mg/kg。免疫：猪传染性胸膜肺炎油佐剂灭活苗，母猪产前 1 个月注射 2mL；种公猪 2 次/年，每次注射 2mL；仔猪 4～5 周龄注射 0.5～1.0mL，间隔 7～14d 加强一次。

四、猪传染性萎缩性鼻炎

该病是猪的一种慢性呼吸道传染病，其主要病原是支气管败血波氏杆菌。特征为打喷嚏、鼻塞等鼻炎症状和颜面部变化，主要造成猪的生长发育迟缓，饲料报酬低，出栏期延长。各种年龄、品种的猪都可感染，也无季节性。没有临床症状的带菌母猪从呼吸道排毒感染仔猪，再由仔猪扩大感染的传染现象比较普遍。本病传播缓慢，散发。

1. 临症 病猪患有鼻炎，打喷嚏，呼吸不畅；流黏性、脓性、带血的鼻液；流泪，“半月形”泪斑。鼻、颜面变形，歪曲，变短或上翘（颜面部变形多发生在小猪上，体重 30～40kg 的猪症状轻微或无，大猪多为无症状的带菌者）。

2. 病理 病变多局限于鼻腔和邻近组织。病的早期可见鼻黏膜及额窦有充血和水肿，有多量黏液性、脓性甚至干酪样渗出物蓄积。病进一步发展，最特征的病变是鼻腔的软骨和鼻甲骨的软化和萎缩，大多数病例，最常见的是下鼻甲骨的下卷曲受损害，鼻甲骨上下卷曲及鼻中隔失去原有的形状，弯曲或萎缩。鼻甲骨严重萎缩时，使腔隙增大，上下鼻道的界限消失，鼻甲骨结构完全消失，常形成空洞。

3. 防治 青霉素、链霉素、磺胺类药物、阿莫西林、喹诺酮类药物、头孢噻呋等对此病敏感，可选用进行防治。

免疫：一般选择丹毒肺疫二联苗，仔猪 60 日龄 1 次；后备猪配种前一个月 1 次；种公、母猪每年 2 次，按说明进行接种。

第四节 规模化猪场繁殖障碍性常见疾病

一、猪繁殖与呼吸道系统综合征

该病在 20 世纪 80 年代末、90 年代初，曾经迅速传遍世界各个养猪国家，在猪群密集、流动频繁的地区更易流行，常造成严重经济损失。近几年，该病在国内呈现明显的高发趋势，对养猪业造成了重大损失，已成为严重威胁我国养猪业发展的重要传染病之一。该病又称蓝耳病，是近几年新发现的一种急性、高度接触性传染病。特征为妊娠母猪厌食、发热、流产，产死胎、木乃伊胎、弱仔，新生仔猪至育肥猪出现呼吸道症状。仅感染猪，不分品种、年龄、性别、季节，繁殖母猪和仔猪较易感。空气传播和接触性是本病的主要传播途径，妊娠母猪感染后可通过胎盘感染胎儿。

1. 临症 各种年龄的猪发病后大多表现有呼吸困难症状，但具体症状不尽相同。

母猪染病后，初期出现厌食、体温升高、呼吸急促、流鼻涕等类似感冒的症状，少部分（2%）感染猪四肢末端、尾、乳头、阴户和耳尖发绀，并以耳尖发绀最为常见，个别母猪拉稀，后期则出现四肢瘫痪等症状，一般持续 1～3 周，最后可能因为衰竭而死亡。怀孕前期的母猪流产，怀孕中期的母猪出现死胎、木乃伊胎，或者产下弱胎、畸形胎，哺乳母猪产后无乳，仔猪多被饿死。

公猪感染后表现咳嗽、打喷嚏、精神沉郁、食欲不振、呼吸急促和运动障碍、性欲减弱、精液质量下降、射精量少。

生长肥育猪和断奶仔猪染病后，主要表现为厌食、嗜睡、咳嗽、呼吸困难，有些猪双眼肿胀，出现结膜炎和腹泻，有些断奶仔猪表现下痢、关节炎、耳朵变红、皮肤有斑点。病猪常因继发感染胸膜炎、链球菌病、气喘病而致死。如果不发生继发感染，生长肥育猪可以康复。

哺乳期仔猪染病后，多表现为被毛粗乱、精神不振、呼吸困难、气喘或耳朵发绀，有的有出血倾向，皮下有斑块，出现关节炎、败血症等症状，死亡率高达60%。仔猪断奶前死亡率增加，高峰期一般持续8～12周，而胚胎期感染病毒的，多在出生时即死亡或生后数天死亡，死亡率高达100%。

2. 病理　剖检猪繁殖与呼吸综合征病死猪，主要眼观病变是肺弥漫性间质性肺炎，并伴有细胞浸润和卡他性肺炎区，肺水肿，在腹膜及肾周围脂肪、肠系膜淋巴结、皮下脂肪和肌肉等处发生水肿。

在显微镜下观察，可见鼻黏膜上皮细胞变性，纤毛上皮消失，支气管上皮细胞变性，肺泡壁增厚，隔由巨噬细胞和淋巴细胞浸润。母猪可见脑内灶性血管炎，脑髓质可见单核淋巴细胞性血管套，动脉周围淋巴鞘的淋巴细胞减少，细胞核破裂和空泡化。

3. 防治　母猪：阿司匹林，拌料，每头每天8g，连续7d（妊娠后期）；支原净＋阿莫西林＋金霉素，拌料，连续7d。免疫：猪繁殖和呼吸系统综合征灭活苗，仔猪20～25日龄，皮下注射2mL；母猪配种前10～15d 1次，4mL。

二、猪伪狂犬病

猪伪狂犬病是由伪狂犬病毒引起的一种急性传染病。特征为成年猪呈隐性感染或有上呼吸道卡他性炎症症状；妊娠母猪发生流产或产下死胎；哺乳仔猪出现脑脊髓炎（神经症状）和败血症状（发热），最后死亡。没有明显的季节性，但以寒冷的冬季发病较多。本病主要通过与病猪和带毒猪接触，经呼吸道、消化道、损伤的皮肤感染，也可通过配种、哺乳感染，妊娠母猪感染后可感染胎儿。

1. 临症 新生仔猪及4周龄内仔猪常常突然发病，高热，不食，呕吐，腹泻，兴奋不安，共济失调（前冲、后退、转圈），全身肌肉痉挛，倒地后仰，抽搐，四肢划动，病程稍长出现后肢麻痹。妊娠母猪流产（妊娠早期感染），早产（妊娠中后期感染），产下死胎或木乃伊胎，产出的弱仔多在2～3d内死亡，死亡率能达50%。成年猪感染后症状轻微，有时可见上呼吸道卡他性炎症症状，体温升高，采食下降，4～5d可自然恢复。母猪返情率高，公猪配种能力下降。

2. 病理 伪狂犬病毒感染一般无特征性病变。主要是脑部变化（点状出血、水肿），死胎内脏凝固性坏死，口鼻点状出血或溃疡。

眼观主要见肾脏有针尖状出血点，其他肉眼病变不明显。可见不同程度的卡他性胃炎和肠炎，中枢神经系统症状明显时，脑膜明显充血，脑脊髓液量过多，肝、脾等实质脏器常可见灰白色坏死病灶，肺充血、水肿和有坏死点。子宫内感染后可发展为溶解坏死性胎盘炎。

组织学病变主要是中枢神经系统的弥散性非化脓性脑膜脑炎及神经节炎，有明显的血管套及弥散性局部胶质细胞坏死。在脑神经细胞内、鼻黏膜、脾及淋巴结的淋巴细胞内可见核内嗜酸性包含体和出血性炎症。有时可见肝脏小叶周边出现凝固性坏死。另外，还有肺水肿。

3. 防治 使用抗生素防继发感染。免疫：育肥猪，断奶后肌内注射1次，1mL；母猪产前1个月左右1次，2mL；种公猪2次/年，2mL/次。

三、猪细小病毒病

该病是由猪细小病毒引起的猪的一种繁殖障碍性传染病。特征为受感染的母猪，特别是初产母猪产死胎、畸形胎和木乃伊胎，而母猪本身无明显变化。猪是唯一的易感动物，不分品种、性别、年龄和季节。除了妊娠母猪外，仔猪、育肥猪和空怀母猪不出现临床症状。主要通过消化道传染，也可经配种传播，妊娠母猪通过胎盘传给胎儿。本病呈地方性流行，以头胎妊娠母猪发生流产和产死胎较多。母猪首次感染后可获得坚强的免疫力，甚至可持续终生。

1. 临症　同一时期内多头母猪发生流产，产死胎、木乃伊胎，胎儿发育异常等病象，而母猪本身没有明显的临床症状，但具有传染性。公猪感染后，对受精率和性欲没有明显的影响。妊娠母猪感染时期不同，表现症状也不同。妊娠早期（30d以内）感染，胚胎、胎儿死亡被吸收，母猪的腹围减小，母猪可能再度不规则发情；妊娠中期（30～60d）感染，胎儿死亡，流产，产死胎、木乃伊胎或弱仔，分娩期推迟；妊娠70d后感染，母猪多能正常生产，但产出的仔猪带毒，有的终生带毒而成为重要的传染源。

2. 病理　肉眼病变不明显，但要注意与猪繁殖和呼吸道综合征、猪伪狂犬病、猪乙型脑炎、猪布鲁氏菌病和猪弓形虫病等引起的流产相区别。

3. 防治　猪细小病毒灭活苗：后备公、母猪配种前1个月接种2mL；生产公、母猪每年1次，肌内注射2mL。

四、猪流行性乙型脑炎

该病是由乙脑病毒引起的一种人兽共患传染病。特征为母猪流产和产死胎，公猪发生睾丸炎，少数猪特别是仔猪呈现典型的脑炎症状，如高热、狂暴、沉郁等。主要通过蚊子叮咬而传播，蚊子感染乙脑病毒后可终生带毒，并在体内增殖且随蚊子越冬，成为次年感染猪的传染源。公猪隐性带毒，也可通过交配传播。本病的发生具有明显的季节性，在蚊子猖獗的夏秋季（7～9月）发病严重。

1. 临症　高热稽留，结膜潮红，尿黄粪干，共济失调，盲目冲撞，转圈。母猪体温升高，食欲不振，好卧嗜睡，早产、流产，产死胎或木乃伊胎，且同一窝仔猪或死胎大小差异较大。公猪睾丸肿大发炎（红、肿、热、痛），后期萎缩变硬，失去配种能力。

2. 病理　死胎皮下呈弥漫性水肿；实质器官水肿、出血；脑水肿，脑膜小点出血。血液稀薄，凝固不良。

3. 防治　对症治疗（防脱水、镇静、退热镇痛）和使用抗生素治疗。免疫：在5月（蚊子活动前），大小猪一律皮下或肌内注射1mL（按瓶签标明的头份稀释）。

第十一章　场区管理

第一节　猪场建设

1. 猪场选址　远离村镇、交通要道、其他畜牧场 3km 以上；远离屠宰场、化工厂及其他污染源；向阳避风、地势高燥、通风良好、水电充足（万头猪场日用水量 100～150t）、水质好、排水方便、交通较方便。最好配套有鱼塘、果林或耕地。

2. 猪场布局　按生活管理区、生产配套区（饲料车间、仓库、兽医室、更衣室等）、生产区 3 个单元进行布局；生产区按配种舍、怀孕舍、保育舍、生长舍、育肥（或育成）舍、装猪台，从上风向下风方向排列。配种舍要设有运动场，生产区三点式，种猪繁殖区、保育区、育肥区相对独立，相距 500m 以上。

3. 防疫环境与生物安全　猪场大门需设消毒池并配备消毒机，车辆消毒；设人员消毒通道，进入人员登记消毒。猪场周围禁止放牧，协助当地周围村镇的免疫工作。最好设围墙与防疫沟。符合卫生防疫制度要求。

4. 粪尿处理与环保　建场前要了解当地 20 年内的土地规划及环保规划、相关政策。因地制宜配套排污系统工程，以免投产后麻烦不断。

5. 猪舍设计　最重要的原则：产房、保育舍分单元全进全出设计；猪栏规格与数量的计算；先有生产指标、流程，才有猪舍及猪栏设计（要因地制宜建设栏舍，本节内容介绍仅供参考）。一般情况下，以饲养 500 头基础母猪，年出栏约 1 万头商品猪的生产线，按每头母猪平均年产 2.2 窝计算，则每年可繁殖 1 100 窝，即每周应配种 24 头（配种分娩率 85%），每周应产 20～21 胎。产房 6 个单元（如果哺乳期 3 周、仔猪断奶后原栏饲养 1 周、临产母猪

1 周、空栏 1 周），每个单元 20 个产床；保育 5 个单元（如果保育期 4 周、空栏 1 周），每个单元 10 个保育床；生长育肥 16 个单元（如果生长育肥期 15 周、机动 1 周），每个单元 10 个育肥栏；肉猪全期饲养 23 周。

第二节　猪场生产指标、生产计划与生产流程

我国目前先进的规模化猪场，生产线均实行均衡流水作业式的生产方式，采用先进饲养工艺和技术，其设计的生产性能参数一般选择为：平均每头母猪年生产 2.2 窝，提供 20.0 头以上肉猪，母猪利用期平均为 3 年。肉猪达 90～100kg 体重时为 160 日龄左右（23～24 周）。肉猪屠宰率 75%，胴体瘦肉率 65%（不同猪的品种、饲养管理技术不一样，其相关数据也不同，本方案仅供参考）。

1. 生产技术指标　配种分娩率 85%，胎均活产仔数 10 头，出生重 1.2～1.4kg，胎均断奶活仔数 9.5 头，21 日龄个体重 6.0kg，8 周龄个体重 18.0kg，24 周龄个体重 93.0kg，哺乳期成活率 95.0%，保育期成活率 97.0%，育成期成活率 99.0%，全期成活率 91.0%。

2. 生产计划（以万头猪场为例）　基础母猪数 473 头。

满负荷配种母猪数：周 24 头，年 1 248 头。

满负荷分娩胎数：周 20 头，年 1 040 头。

满负荷活产仔数：周 200 头，年 10 400 头。

满负荷断奶仔猪数：周 190 头，年 9 880 头。

满负荷保育成活数：周 184 头，年 9 568 头。

满负荷上市肉猪数：周 182 头，年 9 464 头。

注：万头场以“周”为节律，一年按 52 周计算；按设计产房每单元 20 栏计划。

3. 生产流程　本方案以万头生产线为例，生产程序是以“周”为计算单位，工厂化流水作业生产方式，全过程分为 4 个生产环

节。按图 11－1 所示进行。

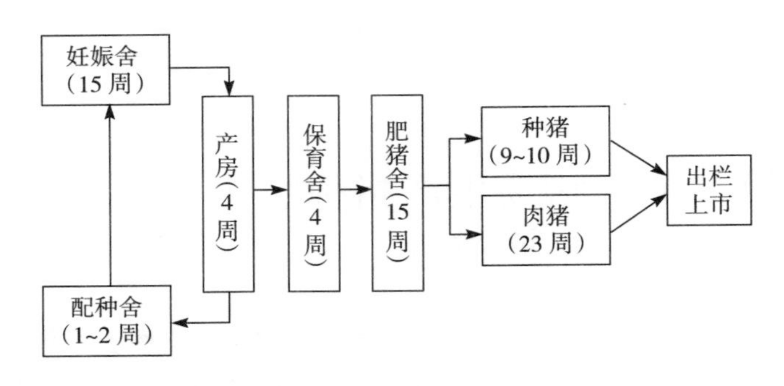

图 11－1　工艺流程图（四阶段）

（1）待配母猪阶段。在配种舍内饲养空怀、后备、断奶母猪及公猪进行配种。每条万头生产线每周参加配种的母猪 24 头，保证每周能有 20 头母猪分娩。妊娠母猪放在妊娠母猪舍内定位栏饲养，在临产前 1 周转入产房。

（2）母猪产仔阶段。母猪按预产期进产房产仔，在产房内 4 周，仔猪平均 21d 断奶。母猪断奶当天转入配种舍，仔猪原栏饲养 7d 后转入保育舍。如果有特殊情况，可将仔猪进行合并，这样不负担哺乳的母猪提前转回配种舍等待配种。

（3）仔猪保育阶段。断奶 7d 后仔猪平均两窝并一栏，转入仔猪保育舍培育至 8 周龄转群，仔猪在保育舍 4 周。

（4）肥猪饲养阶段。8 周龄仔猪由保育舍转入肥猪舍饲养 15 周，预计饲养至 23 周龄，体重达 90～100kg 出栏上市。每周可平均出栏 182 头猪左右。

第三节　猪场组织架构、岗位定编及责任分工

1. 猪场场长岗位定编（以万头猪场为例）　生产线 16 人，全场 20 人。

（1）猪场场长 1 人，生产线主管 1 人。

（2）配种妊娠组长 1 人，分娩保育组长 1 人。

（3）生长育肥组长 1 人。

（4）饲养员定编 18 人（包括 3 个组长）。

（5）配种妊娠组 4 人，分娩组 4 人，保育组 2 人，生长育肥组 6 人，夜班 1 人。各组均含组长在内。

（6）后勤人员按实际岗位需要设置人数，如后勤主管、会计、出纳、司机、维修工、保安、门卫、炊事员、勤杂工等。

2. 责任分工　以层层管理、分工明确、场长负责制为原则。具体工作专人负责；既有分工，又有合作；下级服从上级；重点工作协作进行，重要事情通过场领导班子研究解决。

（1）场长职责。

①负责猪场的全面工作。

②负责制定和完善本场的各项管理制度、技术操作规程。

③负责后勤保障工作的管理，及时协调各部门之间的工作关系。

④负责制订具体的实施措施，落实和完成各项任务。

⑤负责监控本场的生产情况，员工工作情况和卫生防疫，及时解决出现的问题。

⑥负责编排全场的经营生产计划和物资需求计划。

⑦负责全场的生产报表，并督促做好月结工作、周上报工作。

⑧做好全场员工的思想工作，及时了解员工的思想动态，出现问题及时解决，及时向上反映员工的意见和建议。

⑨负责全场直接成本费用的监控与管理。

⑩负责落实和完成公司下达的全场经济指标。

⑪直接管辖生产线主管，通过生产线主管管理生产线员工。

⑫负责全场生产线员工的技术培训工作，每周或每月主持召开生产例会。

（2）生产线主管职责。

①负责生产线日常工作。

②协助场长做好其他工作。

③负责执行饲养管理技术操作规程、卫生防疫制度和有关生产线的管理制度，并组织实施。

④负责生产线报表工作，随时做好统计分析，以便及时发现问题并解决问题。

⑤负责猪病防治及免疫注射工作。

⑥负责生产线饲料、药物等直接成本费用的监控与管理。

⑦负责落实和完成场长下达的各项任务。

⑧直接管辖组长，通过组长管理员工。

第四节　猪场生产例会与技术培训制度

1. 生产例会

（1）时间。每周定期一个晚上 19：00～21：00 为生产例会和技术培训时间。

（2）主持。由主场长主持。

（3）时间安排。一般情况下安排在周日晚上进行，生产例会 1h，技术培训 1h。特殊情况下灵活安排，但总的时间不变。

（4）内容安排。总结检查上周工作，安排布置下周工作；按生产进度或实际生产情况进行有目的、有计划的技术培训。

（5）程序安排。组长汇报工作，提出问题；生产线主管汇报、总结工作，提出问题；主持人全面总结上周工作，解答问题，统一布置下周的重要工作。生产例会结束后进行技术培训。

（6）材料准备。会前组长、生产线主管和主持人要做好充分准备，重要问题要准备好书面材料。

（7）落实问题。对于生产例会上提出的一般性、技术性问题，要当场研究解决，涉及其他问题或较为复杂的技术问题，要在会后及时上报、讨论研究，并在下周的生产例会上予以解决。

2. 猪场物资　首先要建立进销存账，由专人负责，物资凭单进出仓，要货单相符，不准弄虚作假。生产必需品如药物、饲料、生产工具等要每月制订计划上报，各生产区（组）根据实际需要领取，不得浪费。要爱护公物，否则按奖罚条例处理。

3. 猪场报表　报表是反映猪场生产管理情况的有效手段，是上级领导检查工作的途径之一，也是统计分析、指导生产的依据。认真填写报表是一项严肃的工作，应予以高度重视。各生产组长做好各种生产记录，并准确、如实地填写周报表，交给上一级主管，查对核实后，及时送到场部，其中配种、分娩、断奶、转栏及上市等报表应一式两份。

（1）生产报表。包括种猪配种情况周报表，分娩母猪及产仔情况周报表，断奶母猪及仔猪生产情况周报表，种猪死亡淘汰情况周报表，肉猪转栏情况周报表，肉猪死亡及上市情况周报表，妊检空怀及流产母猪情况周报表，猪群盘点月报表，猪场生产情况周报表，配种妊娠舍周报表，分娩保育舍周报表，生长育成舍周报表，公猪配种登记月报表，公猪使用频率月报表，猪舍内饲料进销存周报表，人工授精周报表等。

（2）其他报表。包括饲料需求计划月报表，药物需求计划月报表，生产工具等物资需求计划月报表，饲料进销存月报表，药物进销存月报表，生产工具等物资进销存月报表，饲料内部领用周报表，药物内部领用周报表，生产工具等物资内部领用周报表等。

4. 猪场各项规章制度　包括员工守则，奖惩制度，员工休请假考勤制度，会计、出纳员、电脑员岗位制度，水电维修工岗位责任制度，机动车司机岗位责任制度，保安员、门卫岗位责任制度，仓库管理员岗位责任制度，食堂管理制度，消毒更衣房管理制度等。

5. 每周工作流程　由于集约化、工厂化的现代猪场，其周期性和规律性相当强，生产过程环环相扣；因此，要求全场员工对自己所做的工作内容和特点要非常清晰明了，做到每日工作事事清。

6. 各阶段日常工作任务（表 11-1）

表 11-1 生产各阶段日常工作任务

日期	配种妊娠舍	分娩保育舍	生长育成舍
周一	日常工作；大清洁大消毒；淘汰猪鉴定	日常工作；大清洁大消毒；临断奶母猪淘汰鉴定	日常工作；大清洁大消毒；淘汰猪鉴定
周二	日常工作；更换消毒池盆药液；接收断奶母猪；整理空怀母猪	日常工作；更换消毒池盆药液；断奶母猪转出；空栏冲洗消毒	日常工作；更换消毒池盆药液；空栏冲洗消毒
周三	日常工作；不发情不妊娠猪	日常工作；驱虫、免疫注射	日常工作；驱虫、免疫注射
周四	日常工作；大清洁大消毒	日常工作；大清洁大消毒	日常工作；大清洁大消毒
周五	日常工作；更换消毒池盆药液；临产母猪转出	日常工作；更换消毒池盆药液；接收临产母猪	日常工作；更换消毒池盆药液；空栏冲洗消毒
周六	日常工作	日常工作；仔猪强弱分群	日常工作
周日	日常工作；妊娠诊断、复查	日常工作；清点仔猪数	日常工作；存栏盘点

第五节　猪场存栏猪结构

1. 计算方法（以下数据仅供参考）

妊娠母猪数＝周配母猪数×15 周

临产母猪数＝周分娩母猪数＝单元产栏数

哺乳母猪数＝周分娩母猪数×3 周

空怀断奶母猪数＝周断奶母猪数＋超期未配及妊检空怀母猪数（周断奶母猪数的 1/2）

$$后备母猪数=\frac{成年母猪数\times 30\%}{12\ 个月}\times 4\ 个月$$

$$成年公猪数=\frac{周配母猪数\times 2}{2.5（公猪周使用次数）}+（1\sim 2）头$$

（注：母猪每个发情期按2次本交配种计算）

仔猪数＝周分娩胎数×4周×10头/胎

保育猪＝周断奶数×4周

中大猪＝周保育成活数×16周

年上市肉猪数＝周分娩胎数×52周×9.1头/胎（仔猪7周龄上市）

2. 万头场标准存栏

妊娠母猪数＝360头

临产母猪数＝20头

哺乳母猪数＝60头

空怀断奶母猪数＝30头

后备母猪数＝48头

成年公猪数＝20头

后备公猪数＝6头

仔猪数＝800头

保育猪＝760头

中大猪＝2949头

合计＝5053头（其中基础母猪为470头）

年上市肉猪数＝9464头

3. 要分季节制订饲料配方　制订饲料配方要考虑营养全价性与成本核算，要制订一个科学的适合于本场的保健方案，小猪用颗粒饲料、大猪用粉状饲料最经济，小中猪料添加3%～5%脂肪可提高日增重和饲料转化率，同时可提高蛋白质的吸收率；夏天在哺乳母猪料中添加3%～5%脂肪可减少因采食量下降导致的能量供应不足，增加乳汁分泌，提高仔猪断奶重，减少母猪失重，缩短发情间隔。哺乳母猪每天维持需要2kg，另外每头小猪加0.3kg；母猪哺乳期平均采食量5kg。

第六节　种猪淘汰原则与更新计划

1. 种猪淘汰原则

①后备母猪超过 8 月龄以上不发情的。

②断奶母猪两个情期（42d）以上不发情的。

③母猪连续 2 次、累计 3 次妊娠期习惯性流产的。

④母猪配种后复发情连续两次以上的。

⑤青年母猪第一、二胎活产仔猪窝均 7 头以下的。

⑥经产母猪累计三产次活产仔猪窝均 7 头以下的。

⑦经产母猪连续二产次、累计三产次哺乳仔猪成活率低于 60%，以及泌乳能力差、咬仔、经常难产的母猪。

⑧经产母猪 7 胎次以上且累计胎均活产仔数低于 9 头的。

⑨后备公猪超过 10 月龄以上不能使用的。

2. 严格遵守淘汰标准　分周/月有计划地均衡淘汰，现场控制与检定，最好是每批断奶猪检定一次，保持合理的母猪年龄及胎龄结构。淘汰与更新要建立种猪淘汰计划。母猪年淘汰率 25%～33%，公猪年淘汰率 40%～50%。后备猪使用前淘汰率：后备母猪淘汰率 10%，后备公猪淘汰率 20%。

3. 后备猪引入计划

（1）后备猪年引入数计算公式。

$$后备猪年引入数=\frac{基础猪数\times年淘汰率}{后备猪合格率}$$

（2）品种选择和杂交模式。可选品种有杜长大猪、杜大长猪、PIC 配套系、迪卡配套系等；瘦肉型国外良种如长白猪、大约克猪、杜洛克猪、皮特兰猪、汉普夏猪等具有体躯长大、生长快速、饲料转化率高、瘦肉率高等优点。选用三元杂交，发挥遗传优势及杂交优势。

（3）影响养猪效益的因素。管理、市场、品种、营养、防疫、环境等，其中管理应在第一位；在猪病防制上，管理也是在第一位。科学养猪技术，以种、料、养、管、防为五要素，饲料是养猪的基础，饲料成本占养猪成本的70%～80%。饲料中五大营养要素，只有科学配方组成的配合饲料，才能使猪正常发育、生长迅速。优质饲料才能使优良品种的猪生产性能充分表现出来。管理正规化、生产程序化、办公电脑化是现代养猪的基本要求。在所有被采用的管理技术中，排在第一位的可增加利润的策略是早期断奶和全进全出制相结合的方法。

4. 全进全出的含义　以"周"为单位安排生产，生产节律（1万～3万头场以"周"为生产节律）；把同类猪群按生产节律分成批次从各个相互独立的单元一次性地转入转出；冲洗、消毒、空栏时间1周左右。生产技术重要参数指标：平均每头母猪年生产2.2窝，提供20.0头肉猪，肉猪达90～100kg体重时为160日龄左右（23～24周），配种分娩率85%，胎均活产仔数10头，全期成活率90%以上。以实际存栏成年（基础）母猪数多少来区别猪场规模的大小较为确切；如果准确计算一个猪场的存栏成年母猪数，则应按饲养日计算；考评一个猪场的生产指标如年产胎数、胎均产仔数等，都应在存栏成年母猪数的基础上进行。猪场存栏猪结构：国内先进的万头规模猪场基础母猪少于500头，平时总存栏5 000头左右（其中基础母猪为470～500头）。合理的母猪胎龄结构是保证较高生产水平、正常生产的前提。母猪使用年限3年，年淘汰更新率30%左右。控制合理的存栏猪结构，是控制生产的最有效方法。

5. 新场与老场的后备猪计划　新场分批引进后备猪，月龄结构要适合配种计划要求，一般所有后备猪初配完成需要4.5～5个月时间，即20周（20周后有断奶猪参加配种），如万头场每周配24～25头，共需合格后备猪约500头，购入后备猪约需550头（配前淘汰率10%）。

6. 满负荷均衡生产　以周为单位安排生产、计算考核，满负荷均衡生产。满负荷均衡配种是关键。老场的成年猪淘汰计划与后备猪的补充计划要有年、月、周均衡计划，成年猪年淘汰率30%，万头场每年需补充150～180头后备母猪。

一个万头场生产线员工一般应为16人，全场员工20人左右。

新场每周一次、老场每月一次生产例会比较合适，员工培训对提高员工素质及生产效益至关重要，正规化管理的猪场都有固定的每周生产流程，每天甚至于每时做什么工作都有规律。制度指挥生产，猪场的报表体系要科学、实用、精简、准确、准时，统计报表的主要目的是分析生产，及时发现问题及时解决问题。

工作目标是保证后备母猪使用前合格率在90%以上，后备公猪使用前合格率80%以上。

第十二章 规模化养猪经营

第一节 加入国际市场的中国养猪业

一、瘦肉型品种的引进

为改良地方猪种，我国先后从世界各地引进优良猪种，这些品种的优点是生长速度快，胴体瘦肉率高，但适应性差，繁殖率低。要推进养猪业的发展，改良品种，提高养猪效益，推广和利用这些优良猪种，发挥其生产性能显得尤为重要。国内外对瘦肉的需求越来越迫切，瘦肉的价格比肥肉高得多，饲养瘦肉型猪，多生产瘦肉，既符合人们的需要，又能获得更高的经济效益。

根据猪胴体瘦肉含量，把猪分为两种类型：胴体瘦肉率占35%～44%的为脂肪型猪，我国大多数地方品种属于此型；胴体瘦肉率在57%以上的，才是瘦肉型猪。我国主要瘦肉型猪种有：从国外引进的大白猪、长白猪、杜洛克猪和汉普夏猪四大品种，我国自己培育的有三江白猪、浙江中白猪和湖北白猪，都含有引进的瘦肉血统。一头体重 90kg 的瘦肉型猪比同样重的脂肪型猪多产 5～7.5kg 瘦肉。

二、饲料对国际市场的依赖

饲料价格上涨，肉类供应商立刻感到压力。美国是玉米、大豆和小麦的最大出口国，其中玉米出口占全球出口量的将近一半。持续干旱天气将这些农产品的价格推上高位。中国在人均吃肉 50～60kg 的前提下做到 95%粮食自给率，这主要依赖中国强大的工业基础。相比那些工业化程度较低的国家，中国的粮食单产比较高。中国现在猪的存栏量是 5 亿头左右，每年要吃掉 1.7 亿 t 饲料粮。而印度 12 亿人，每年只有 2.2 亿 t 粮食可以吃。也就是说，“工业化的猪要比纯粹农业国的人吃得饱，吃得好。”目前我国口粮消费约占30%，饲料用粮约占40%，工业用粮约占20%，种子和新增储备用粮约占5%，损耗浪费等约占5%。长期以来，粮食消费结构的变化趋势是口粮、种子及新增储备、损耗等稳中有降，饲料用粮和工业用粮持续攀升。预计饲料用粮将达粮食消费总量的50%左右，工业用粮将达到25%以上。

2003—2011年，中国肉类总产量从6 932.9万t上升为8 100万t左右，中国肉类生产以猪肉为主，牛、羊肉的比例不到15%，每千克猪肉约需消耗2.4kg粮食，每千克禽肉或禽蛋约需消耗1.3kg粮食。此外，存栏的母猪及水产养殖等也需要大量粮食。工业用粮中，酒类用粮的增速最为迅猛。2011年，我国生产白酒（折成65°）达到创纪录的102.56亿L，相当于2003年白酒产量的3倍多，平均每人15瓶。生产1L 65°白酒消耗粮食2～4kg，取中间值，白酒约耗粮3 000万t。2011年，我国生产啤酒489.9亿L，比2003年增长93%。生产1L啤酒约消耗粮食0.2kg，啤酒耗粮接近1 000万t。这就是说，仅仅酒类和酒精耗粮，就占粮食产量的10%以上。我国人均肉类消费量已超过国际平均水平，但是还不到美国的一半。同时，我国白酒和啤酒产量早已雄踞世界第一，但啤酒人均消费量还不足德国的1/3，白酒人均消费量不及俄罗斯的1/4，因此商家都认为酒类生产和消费还有巨大的增长空间。但不要忘记，支撑这种“小康型”饮食结构的基础是粮食。

据统计，2010年，城镇居民人均购买肉蛋奶的支出是1 339元，农村居民人均购买肉、蛋、奶的支出是449元。随着农村居民收入的提高，假如6.56亿乡村人口每人每天多吃1个鸡蛋、50g肉，两亿成年男性农民每周多喝1瓶啤酒，这点要求看似微薄，但用2011年全年增产的粮食都无法满足。从这个意义上说，假设未来中国必须应对“粮食危机”的挑战，那也不会是因为缺乏口粮，而是在粮价过高、中国又无法自给自足的情况下，恐怕就必须通过“全民减肥和全民禁酒运动”，来减少肉食和副食对粮食的消耗。不过对全民健康而言，这未尝不是一件好事。

三、国际竞争的弱势

国家海关总署统计，2012 年前 8 个月，我国累计进口猪肉 35.6 万 t，较 2011 年同期（下同）增加 81.1%；进口价值 6.7 亿美元，增长 1.3 倍；进口平均价格为 1 878.7 美元/t，上涨 26.1%。这些年以来，中国国内物价不断上涨，再加上人民币升值因素，相对欧美国家来说，已经没有以前价格上的优势。美国猪肉价格巨大的优势，自然就会不断涌入中国市场。美国没有猪瘟，也没有口蹄疫，美国养猪业除了不用掏防治猪瘟和口蹄疫药物、疫苗的钱，生猪的存活率也要比中国高很多。中国一般猪场一头母猪每年繁育的仔猪成活并且安全长大出栏的数量约为 12 头，美国可以达到 18 头，这意味着如果中国、美国保育 1 头母猪成本相同，美国母猪的产出要比中国高出约 50%，反过来，理论上，美国保育母猪的成本可以比中国低一半。

养猪需要消费玉米，中国玉米价格却要比美国高出很多。同时在管理方面，美国比中国更加科学和合理。

相对来说，中国只是人工价格方面比美国具有优势，但是劳动力产出效率比美国低，所以人工价格的优势也没有剩下多少。综合起来，中国各个环节的优势几乎不存了，猪肉价格是美国两倍，这也说明交易费等成本都要比美国要高。中国生产领域，很多隐性成本相当高，当然就会推高各个环节的成本。

第二节 变化的生猪市场

猪肉价格的“过山车”，在业内被称作“生猪生产周期性波动”，即“猪周期”。“猪周期”是一种经济现象，在世界许多地方（如美国）都有，表现为“价高伤民，价贱伤农”的周期性猪肉价格变化。猪肉价格大涨，刺激农民积极性，促使母猪存栏量大增，市场上的生猪供应量剧增，导致肉价下跌，打击了农民积极性，养殖户大量淘汰母猪甚至因为无法经营下去而转行，生猪供应量自然而然就减少，又导致猪肉价格的再次上涨。

农业部的一项研究显示，从改革开放到2012年，我国生猪生产呈现波动中增长的态势。先后在1985年、1988年、1994年、1997年、2004年、2007年、2011年经历了7次明显的价格波动，价格较上一年增长都在10%以上。其中，1988年、1994年、2007年和2011年价格波动尤其大，增幅超过50%。研究显示，从历史情况看，生产和价格波动的平均周期为4～5年，上升期和下降期平均分别为3.5年和2.5年左右。2007年后，猪肉价格又先后经历了2次波动，猪周期时间明显缩短，约3年一个周期，而且振幅加剧，尤其是2011年猪肉价格同比涨幅更是达到70%。

第三节　养猪经营

虽然我国肉类消费达到世界平均水品，但与发达国家比，仍有很大差距，甚至不到丹麦、荷兰的一半，随着我国社会经济的发展，我国本身就是不断扩大的消费市场。

发达国家养猪业人的劳动效率高，人均饲养量3 000～5 000头，每生产一个单位产品消耗的工时越来越少，供水、供料、换气和清除粪便高度机械化、自动化和生产分工专业化，使养猪生产效率不断提高。列举几个国家每头母猪的年生产效率，可看出我国与发达国家水平的差距和潜力。平均每年每头母猪生产胴体重（平均每年每头母猪生产出栏猪头数），荷兰是1 999kg（23.5头），美国是1 802kg（21.2头），加拿大是1 736kg（20.4头），中国是1 397kg（16.4头）。

我国两头猪只抵美国一头猪的产肉量，美国的猪生产同时节省大量饲料和人力，提高每头母猪的单产水平，具体是提高“三率”：受胎率、成活率、出栏率，必要时压缩头数保证高效率。发达国家的科技进步在养猪增产中的贡献率为60%～80%，科技成果推广率约为70%，新技术的应用率约为90%，我国距此尚远。我国部分猪种的单产高但全国猪业群体生产水平低。大规模养殖场的成本相对来说会稍微低一点，在猪肉价格暴跌，成本不断升高，传统养猪农户选择退出的时候，各类资本却是争相涌入。网易、武钢等企业跨行养猪，资本大鳄高盛收购专业养猪场等，跨行业进军养猪的企业及扩大养猪规模的上市企业已不下 20 家。采用最先进的遗传育种、营养饲料、环境生理、疫病防治、繁殖生理等先进的机械设备与技术成果，使养猪业生产力大大提高。国外养猪业发达国家采用的是杂优猪，每头种母猪年产仔猪高达 2.8 窝，平均每头母猪年产仔 26～28 头，生产 100kg 猪肉耗料为 274kg。我国新投资建立的现代养猪企业生产指标正向国外养猪业发达国家靠近。

养猪是经营与管理结合的艺术，我国养猪经营可在几方面有所提高，譬如在提高母猪生产力，加快商品猪生长速度，改善饲料配比方面，均可促使人均猪肉生产量大大增加，体现规模化效应，实现经济效益的大幅度提升，满足人民膳食需求。

附录　口蹄疫紧急预案

一、职责

场长根据情况宣布启动应急预案，负责疫情报告，对封锁、隔离、紧急免疫、扑杀、无害化处理、消毒等措施的实施进行指导、落实和监督，并负责组织做好本场应急处理所需的人员与物资准备。主管、技术员负责突发现场流行病学调查、开展现场临床诊断和采集病料进行实验室检测，加强疫病监测。

二、预案启动

猪场饲养员、技术员应经常仔细观察猪群，发现跛行剧增、蹄部剧痛、出血、水泡的猪应报场长鉴别诊断，如怀疑是口蹄疫，场长应在 1h 内立即上报单位领导、兽医行政主管部门等。利用典型临床症状和实验室诊断进行确诊，确诊后本场立即进入紧急防疫状态。

三、猪舍疫区管理

1. 区位划分　用明显标记将猪舍划分为正在发病区、可疑感染区、假定未感染区。各区派专人负责消毒、喂料、观察。发病区和未发病区严格分开。

2. 供料方式　饲料供应上先供应未发病区，后供应发病区。未发病区可分区合作卸料，发病区只可单独供应。

3. 预防与控制　根据疫病的种类，对健康猪进行必要的紧急接种或采取血清和药物治疗等防治措施。对于疑似口蹄疫疫情不要盲目进行紧急预防疫苗注射。若需要紧急免疫时必须从远到近免疫，必须是“一猪一针头”。由各栋的饲养员和技术员共同完成，要求用最短的时间来完成免疫注射。

4. 转群管理　1周内不得转猪，以观察感染的范围。紧急防疫期间保育到育肥的转群必须是一栏对一栏的原栏转，并且需要用消毒药彻底消毒后转群，转栏后也需要用消毒药彻底消毒。

5. 发病点位管理　只有一个发病点时，与发病猪同栏的其他猪和周围的几栏猪必须在全身彻底消毒后用最短的时间移出去。所经过的区域必须严格消毒。如果有可能，在与其他猪相连的地方多空出几个栏。

6. 消毒　对发病栏和空出来的猪栏必须用2%烧碱彻底浸泡2次后，用手刷清洗干净，再冲洗消毒后空舍备用。临用前再彻底消毒一次。

7. 饲养管理　对新出现的病例予以处死或者转移到正在发病区观察。所有发病猪不得对外出售，留栏观察或处死。所有猪栏的窗户都尽可能不开或开得小点。留栏观察的猪必须要得到较好的护理，要人工喂水喂料。发热的猪要用安乃近处理，用抗生素防止继发感染。留栏观察的猪局部可用喷水壶喷洒碘甘油处理，防止局部感染。

8. 仔猪管理　产房一旦受到感染，对仔猪的死亡率是很高的。要提高产房温度，降低湿度。必须在出生后立即口服或注射高免血清。一般效价为1∶1 024的血清，5～10mL/头。严重病猪进行对症治疗，用维生素C、肌酐进行肌内注射。

9. 妊娠母猪管理　妊娠母猪如果感染会出现较高比例的流产，主要是发病初期出现的高热导致的流产。所以防止流产的方法是静脉注射安乃近、50%高渗葡萄糖、维生素C。

10. 公猪管理　公猪尤其是杜洛克公猪较少发生，但一旦场内发生口蹄疫时不得供应精液，不得使用本场的公猪精液，直到最后一头病猪出现后21d。

11. 保健　母猪饲料中添加黄芩、黄连等中药。仔猪饮水加药时轮换添加阿莫西林和多种维生素。

12. 患处处理　患处清洗后用甲紫或聚维酮碘涂抹。

13. 供水　对病猪要保证供水供料。

14. 栏舍间管理　各饲养员之间、各栋猪舍之间不准相互串栏，不准扫栏及冲洗猪栏；打扫工具不得外借，更不能带出生产区。

四、消毒

1. 消毒药患处 口蹄疫紧急防疫期间消毒药首选 1∶400 百胜-30，次选 1∶600 消毒威或灭毒灵。消毒时按 $0.7L/m^2$ 的量来使用稀释后的消毒药。

2. 场地消毒 场区内外围每天消毒 2 次。猪舍内消毒 1～3 次。天气暖时消毒 3 次，天气差时消毒 1～2 次。消毒必须采用消毒机的大雾花消毒。

3. 车辆消毒 外来车辆不得进入生产区。必须进场的饲料运输车须进行车轮、底盘、外表消毒后，再经大消毒池进场，司机不得下车。

4. 运料车消毒 饲料运输车要设立指定清洗消毒点。每次运输完成后在指定的地方清洗消毒，干燥后再运输。

5. 人员消毒 人员进出生产区必须洗发和洗澡，更换工作服、靴子，经消毒池洗手消毒后进入生产区。卖猪人员不能和购猪人员有私下接触，更不能乘坐其车辆；赶猪人员返回时，须手脚消毒、更衣。

五、信息控制

本场人员不得随意散布疫病最新情况。

六、病猪处置

发病猪不得对外出售，自行销毁或送无害化处理场处理。

七、消灭鼠、蝇

场内不间断地灭鼠、灭蝇，直到晚上没有老鼠出没。

八、疫情解除

直到最后一头病猪出现后 21d 不再有新的病例出现时可以解除紧急防疫状态。